中国科学院教材建设专家委员会规划教材

大学计算机应用实践教程

主 编　胡树煜　赵　亮　姚　琳

副主编　张筠莉　赵文硕　封　梅

　　　　周　鹏　尚丹梅　田继红

参 编　耿　彧　常　青　吴宇玲

　　　　裴　威

科 学 出 版 社

北 京

内 容 简 介

本书根据教育部高等学校计算机科学与技术教学指导委员会提出的《关于进一步加强高等学校计算机基础教学的意见》暨计算机基础课程教学基本要求中对非计算机专业学生的计算机教学的基本目标进行编写，适用于一般院校大学计算机基础课程的教学，选材新颖，内容丰富，层次清晰，图文并茂，浅显易懂，实用性和可操作性强。

全书共 8 章，主要内容包括中文操作系统 Windows 7；文字处理软件 Word 2010；电子表格软件 Excel 2010；演示文稿制作软件 PowerPoint 2010；计算机网络基础与 Internet 应用；图像处理软件 Photoshop；医学动画处理及应用；医学信息系统及常用软件的使用。

图书在版编目（CIP）数据

大学计算机应用实践教程 / 胡树煜，赵亮，姚琳主编. —北京：科学出版社，2016.8
中国科学院教材建设专家委员会规划教材
ISBN 978-7-03-049530-3

Ⅰ．①大… Ⅱ．①胡… ②赵… ③姚… Ⅲ．①电子计算机－高等学校－教材 Ⅳ．① TP3

中国版本图书馆 CIP 数据核字（2016）第 186959 号

责任编辑：于海云 / 责任校对：郭瑞芝
责任印制：霍 兵 / 封面设计：迷底书装

科 学 出 版 社 出版
北京东黄城根北街 16 号
邮政编码：100717
http://www.sciencep.com

三河市骏杰印刷有限公司 印刷
科学出版社发行 各地新华书店经销

*

2016 年 8 月第 一 版　　开本：787×1092　1/16
2018 年 8 月第三次印刷　　印张：10 1/2
字数：249 000

定价：32.00 元
（如有印装质量问题，我社负责调换）

前　言

随着计算机广泛地应用到各行各业，计算机基础教学在各专业的本科培养计划中已成为不可缺少的一部分。本书根据教育部高等学校计算机科学与技术教学指导委员会提出的《关于进一步加强高等学校计算机基础教学的意见》暨计算机基础课程教学基本要求中对非计算机专业学生的计算机教学的基本目标进行编写，也就是根据教育部高等学校非计算机专业计算机课程教学指导分委员会提出的"计算机基础教学白皮书"进行编写。本书按照"白皮书"的要求对计算机基础教学内容的知识结构与课程体系进行了合理的设置，将"以人为本、以学生为主体、教师为主导"的现代教学理念渗透到教学中，注重在知识传授过程中培养学生的能力和素质。

本教材的内容组织上在保持系统性、完整性的同时，删繁就简、层次清晰、重点突出。注重培养学生认识问题、分析问题、解决实际问题的能力。强化技能训练，针对各专业不同的教学需要，在广度优先的基础上保证所"必需"的深度，在"够用"的理论基础上，更注重应用技术技能的培养与训练。本教材主要特色有如下几点：

★内容丰富、连贯、完整。

★实例突出，具有代表性。

★注重学生实际应用能力的培养。

通过本课程学习，学生能在较短的时间掌握计算机的基础知识，并熟练应用计算机操作技能。本书选材新颖、内容丰富、图文并茂、浅显易懂，实用性和可操作性强，读者容易入门、便于自学。

本书由锦州医科大学的胡树煜、赵亮、姚琳老师任主编，由锦州医科大学的张筠莉、赵文硕、封梅、周鹏、尚丹梅、田继红老师任副主编，耿彧、常青、吴宇玲、裴威老师参加了编写工作。编写具体分工如下：

第 1 章　中文操作系统 Windows 7，由赵亮、吴宇玲编写；

第 2 章　文字处理软件 Word 2010，由姚琳、张筠莉编写；

第 3 章　电子表格软件 Excel 2010，由周鹏、尚丹梅编写；

第 4 章　演示文稿制作软件 PowerPoint 2010，由胡树煜、耿彧编写；

第 5 章　计算机网络基础与 Internet 应用，由赵文硕编写；

第 6 章　图像处理软件 Photoshop，由封梅编写；

第 7 章　医学动画处理及应用，由姚琳、常青编写；

第 8 章　医学信息系统及常用软件，由赵亮、田继红编写。

最后由胡树煜老师总纂成书。

由于时间仓促，以及作者水平有限，书中难免有不足之处，敬请各位读者批评指正！

编　者

2016 年 4 月

目　　录

前言

第 1 章　中文操作系统 Windows 7 ··· 1
  1.1　实验一　Windows 7 系统的个性化和输入法 ································· 1
  1.2　实验二　Windows 文件管理 ·· 6
  1.3　实验三　Windows 7 磁盘管理 ··· 9
  1.4　实验四　Windows 7 的应用程序 ··· 11

第 2 章　文字处理软件 Word 2010 ··· 18
  2.1　实验一　设置文档基本格式 ·· 18
  2.2　实验二　使用插图 ·· 22
  2.3　实验三　表格 ·· 24
  2.4　实验四　长文档排版 ·· 28

第 3 章　电子表格软件 Excel 2010 ··· 32
  3.1　实验一　工作表的基本操作 ·· 32
  3.2　实验二　数据管理 ·· 35
  3.3　实验三　图表的运用 ·· 43
  3.4　实验四　综合应用 ·· 45

第 4 章　演示文稿制作软件 PowerPoint 2010 ······································· 54
  4.1　实验一　演示文稿的基本操作 ··· 54
  4.2　实验二　幻灯片设置操作 ·· 60
  4.3　实验三　演示文稿的综合应用 ··· 67

第 5 章　计算机网络基础与 Internet 应用 ··· 75
  5.1　实验一　IP 设置及网络测试 ·· 75
  5.2　实验二　浏览器使用及设置 ·· 78
  5.3　实验三　搜索引擎使用及收集信息 ··· 82
  5.4　实验四　邮箱申请及收发邮件 ··· 85
  5.5　实验五　云盘使用及上传下载文件 ··· 87
  5.6　实验六　Dreamweaver 管理网站 ·· 91
  5.7　实验七　Dreamweaver 设计网页 ·· 94

第 6 章　图像处理软件 Photoshop ·· 105
  6.1　实验一　制作奥运五环标志 ·· 105
  6.2　实验二　制作会眨巴眼睛的相片 ··· 111

6.3 实验三 用修补工具修改图像 ··· 114

6.4 实验四 用 photoshop 进行医疗美容 ···································· 118

第7章 医学动画处理及应用 ··· 122

7.1 实验一 逐帧动画 ··· 122

7.2 实验二 引导层动画 ··· 126

7.3 实验三 形状动画及遮罩动画 ··· 131

7.4 实验四 3ds Max 建模 ·· 135

第8章 医学信息系统及常用软件 ·· 138

8.1 实验一 快易通中西医处方系统 ··· 138

8.2 实验二 饲料配方大师软件 ··· 142

8.3 实验三 视频处理软件 Premiere ··· 146

8.4 实验四 截图软件 HyperSnap ··· 154

第 1 章　中文操作系统 Windows 7

1.1　实验一　Windows 7 系统的个性化和输入法

实验目的：

（1）学习掌握 Windows 7 系统的个性化设置方法。

（2）了解 Windows 7 快捷操作"摇一摇"和显示桌面操作。

（3）学习掌握输入法的设置方法。

实验内容：

1．Windows 7 个性化设置

（1）设置系统当前主题为"Windows 7 Basic"；桌面背景图片位置为"D:\medical\"，并选中 medical2.jpg、medical3.jpg、medical4.jpg、medical5.jpg 四幅图片，图片位置"居中"，更改图片时间间隔"30 秒"，取消"无序播放"；设置屏幕保护程序为"三维文字"，等待"1 分钟"，自定义文字为"MEDICAL"，字体为"Batang"，旋转类型"滚动"，旋转速度"最快"。设置完成后预览屏幕保护效果。

（2）取消任务栏"锁定"状态，设置任务栏"自动隐藏"并使用小图标，单击"从不合并"任务栏按钮；更改"开始"菜单电源按钮操作为"重新启动"，不显示最近在"开始"菜单和任务栏中打开的项目。

（3）更改桌面图标。调整桌面图标，显示"计算机"、"回收站"、"控制面板"图标，不显示"用户的文件"和"网络"图标。

2．"摇一摇"和显示桌面

打开"计算机"、"回收站"、"控制面板"和"画图"窗口。

（1）只保留"画图"并快速收起其他窗口；再恢复所有窗口。

（2）快速显示桌面，再恢复之前显示状态。

3．输入法设置

（1）快速切换中英文输入法。

（2）依次切换不同输入法。

（3）只保留"中文（简体）—美式键盘"和"QQ 输入法"，设置"QQ 输入法"为默认输入法。

实验步骤：

1. Windows 7 个性化

（1）在桌面空白处单击鼠标右键，在弹出菜单中选择"个性化"；单击"Windows 7 Basic"主题使之成为系统当前主题，如图 1-1 所示。

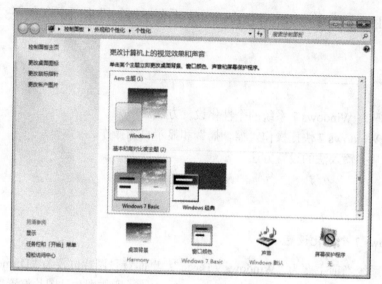

图 1-1　设置个性化主题

单击"桌面背景"→"浏览"，选择"D:\medical"文件夹，单击取消第一张图片 medical1.jpg 复选框，单击"图片位置"右侧箭头，在弹出的下拉菜单中选择"居中"，单击"更改图片时间间隔"右侧箭头，在弹出下拉菜单中选择"30 秒"，单击取消"无序播放"复选框，单击"保存修改"按钮，如图 1-2 所示。

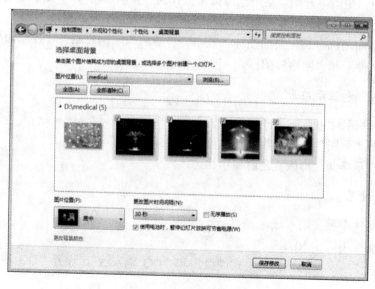

图 1-2　设置桌面背景

单击"屏幕保护程序"打开设置窗口，在"屏幕保护程序"右侧下拉菜单中选择"三维文字"→"设置"，输入自定义文字"MEDICAL"，单击"选择字体"选中"Calibri"并单击"确定"。单击"旋转类型"右侧下拉菜单选中"滚动"，拖动"旋转速度"下方滑块至"最快"位置，如图 1-3 所示。单击"确定"→"预览"查看屏幕保护程序效果，单击"确定"应用屏幕保护程序设置，查看设置效果。

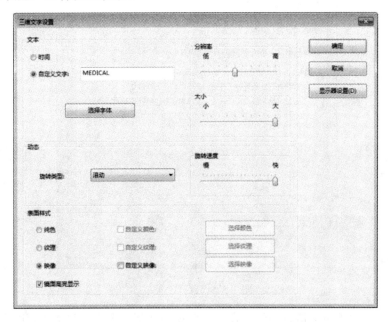

图 1-3　三维文字设置

（2）在桌面空白处单击鼠标右键，在弹出菜单中选择"个性化"→"任务栏和'开始'菜单"。

单击取消"锁定任务栏"复选框，并选中"自动隐藏任务栏"和"使用小图标"复选框，单击"任务栏按钮"右侧下拉菜单，选中"从不合并"选项，如图 1-4 所示。

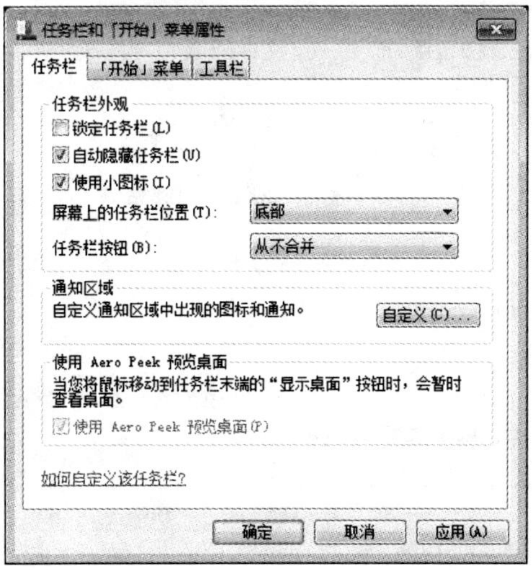

图 1-4　设置任务栏

单击"'开始'菜单"标签,在"电源按钮操作"右侧的下拉菜单中选中"重新启动",取消"隐私"中"存储并显示最近在'开始'菜单中打开的程序"和"存储并显示最近在'开始'菜单和任务栏中打开的项目"复选框,如图1-5所示。

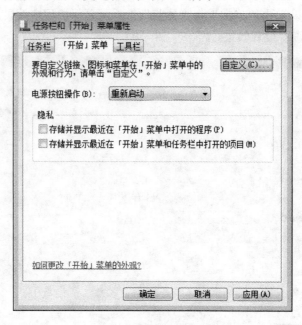

图1-5　设置开始菜单

（3）在桌面空白处单击鼠标右键,在弹出菜单中选择"个性化"→"更改桌面图标",选中"计算机"、"回收站"、"控制面板"复选框,取消"用户的文件"和"网络"复选框并单击"确定"按钮,如图1-6所示。

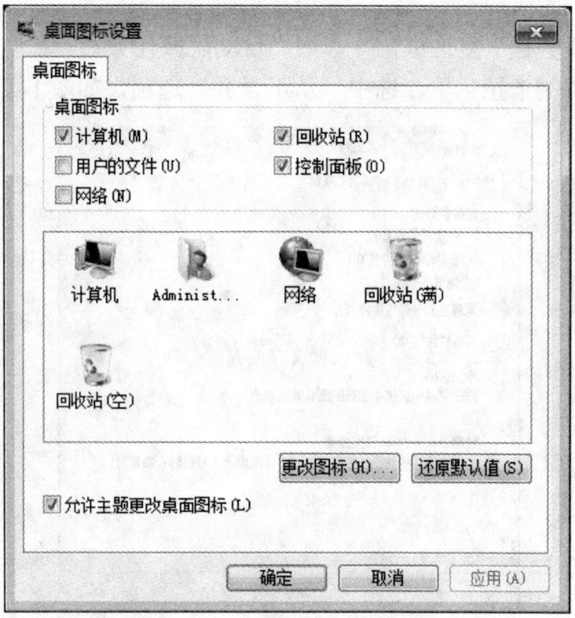

图1-6　桌面图标设置

2. "摇一摇"和显示桌面

（1）双击打开桌面上"计算机"、"回收站"、"控制面板"，然后单击"开始"→"所有程序"→"附件"→"画图"，打开画图程序，如图1-7所示。

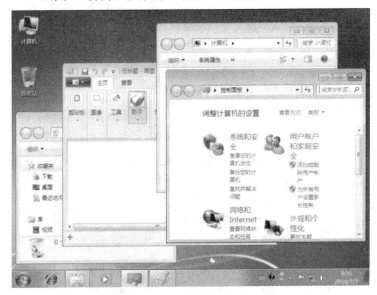

图1-7 "摇一摇"和显示桌面

移动鼠标到"画图"窗口的标题栏，按住左键并快速"摇一摇"，"画图"窗口保留，而其他所有窗口缩小为任务栏上的图标，如图1-8所示。

图1-8 "摇一摇"保留"画图"窗口

重复"摇一摇"即可恢复所有窗口。

（2）单击任务栏最右侧"显示桌面"最小化所有窗口，再次单击"显示桌面"恢复所有窗口。

3. 输入法设置

（1）同时按下"Ctrl"+"Space"组合键，切换英文输入法和最后使用的中文输入法。

（2）多次同时按下"Ctrl"+"Shift"组合键，切换不同的输入法。

（3）在任务栏输入法图标上单击右键打开"文本服务和输入语言"窗口，选中不需要的输入法并单击"删除"按钮，单击"默认输入语言"下拉列表，选中"QQ 输入法"，单击"确定"按钮，如图 1-9 所示。

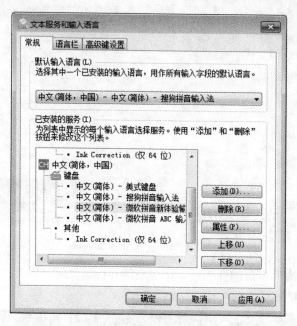

图 1-9　设置输入法

1.2　实验二　Windows 文件管理

实验目的：

（1）了解设置 Windows 7 的文件和文件夹显示方式。

（2）掌握文件和文件夹属性设置方法。

（3）掌握文件和文件夹基本操作。

实验内容：

1. 修改文件和文件夹显示方式

设置"C:\Windows"文件夹查看方式为"中等图标"，并将该显示方式扩展到所有文件夹。

2. 设置文件和文件夹属性

（1）打开"D:\Test\Student"文件夹，去掉隐藏文件"上机操作.docx"的"只读"和"隐藏"属性，打开"上机操作.docx"文件，在"2."后面输入"设置文件和文件夹属性"，然后保存并关闭该文件。

（2）隐藏"D:\Test\Software\"文件夹及其子文件夹和文件。

3. 文件和文件夹基本操作

（1）在"D:\Test"文件夹中，新建文件夹"Text"，在该文件夹中新建文本文件"学生名单.txt"。

（2）将"D:\Test\Teacher"文件夹中的"学生成绩"和"学生名单"文件夹移动到"D:\Test\Student"文件夹中，并将"D:\Test\Text\学生名单.txt"文件复制到"D:\Test\Student\学生名单"文件夹中。

（3）重命名"D:\Test\Student"文件夹为"学生"。

（4）彻底删除"D:\Test\Text\学生名单.txt"文件。

实验步骤：

1. 修改文件和文件夹显示方式

打开"C:\Windows"文件夹，在空白处单击右键弹出快捷菜单，选中"查看"→"中等图标"修改文件夹查看方式；单击窗口菜单栏"组织"→"文件夹和搜索选项"→"查看"→"应用到文件夹"，将"C:\Windows"文件夹的视图应用到所有文件夹，如图 1-10 所示。

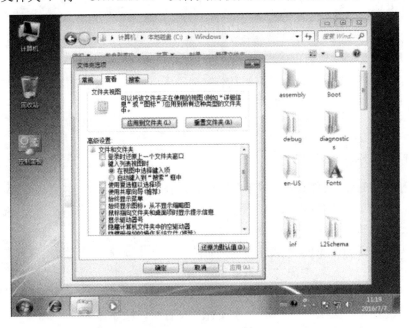

图 1-10　设置文件夹视图

2. 设置文件和文件夹属性

（1）打开"D:\Test\Student"文件夹，单击窗口菜单栏"组织"→"文件夹和搜索选项"→"查看"，选中"隐藏文件和文件夹"选项的"显示隐藏的文件、文件夹和驱动器"，并单击"确定"。右键单击显示的"上机操作.docx"文件，去掉"只读"和"隐藏"复选框并单击"确定"，如图1-11所示。双击打开"上机操作.docx"，在"2."后面输入文字"设置文件和文件夹属性"，单击右上角"关闭"，在弹出对话框中选择"保存"完成操作。

（2）打开"D:\Test"文件夹，右键单击"Software"文件夹并选择"属性"，选中"隐藏"复选框后单击"确定"按钮，在弹出的"确认属性更改"对话框中单击"确定"按钮，如图1-12所示。单击窗口菜单栏"组织"→"文件夹和搜索选项"→"查看"，选中"隐藏文件和文件夹"选项的"不显示隐藏的文件、文件夹和驱动器"并单击"确定"完成操作。

图 1-11　修改文件属性

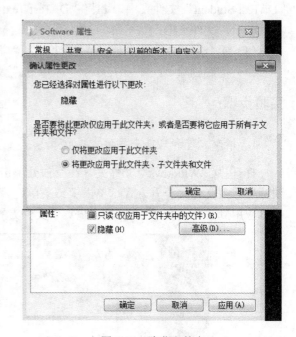

图 1-12　隐藏文件夹

3. 文件和文件夹基本操作

（1）打开"D:\Test"文件夹，右键单击空白处选择"新建"→"文件夹"，输入名称"Text"并双击打开，右键单击"Text"文件夹空白处，选择"新建"→"文本文档"，输入文件名称"学生名单.txt"，完成操作。

（2）打开"D:\Test\Teacher"文件夹，同时选中"学生成绩"和"学生名单"文件夹，并按下组合键"Ctrl"+"X"，打开"D:\Test\Student"文件夹，按下组合键"Ctrl"+"V"完成两个文件夹的剪切操作。打开"D:\Test\Text"文件夹选中"学生名单.txt"文件，按下组合键"Ctrl"+"C"，打开"D:\Test\Student\学生文件"文件夹，按下组合键"Ctrl"+"V"完成文件的复制操作。

（3）打开"D:\Test\"文件夹，右键单击"Student"文件夹，在弹出的快捷菜单中选择"重命名"，输入"学生"完成重命名操作。

（4）打开"D:\Test\Text"文件夹并选中"学生名单.txt"文件，按下组合键"Shift"+"Delete"，在弹出的对话框中单击"是"按钮，彻底删除文件，如图1-13所示。

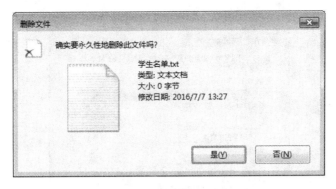

图 1-13   彻底删除文件

1.3   实验三   Windows 7 磁盘管理

实验目的：

（1）了解 Windows 7 系统扫描和修复磁盘错误工具。

（2）了解 Windows 7 系统磁盘清理功能。

（3）学习掌握 Windows 7 系统磁盘碎片整理功能。

实验内容：

1. 扫描和修复磁盘错误

检查本地磁盘"E:"，执行"自动修复文件系统错误"操作。

2. 磁盘清理

对本地磁盘"C:"执行磁盘清理操作。

3. 磁盘碎片整理

对本地磁盘"D:"执行碎片整理操作。

实验步骤：

1. 扫描和修复磁盘错误

双击打开"计算机"，右键单击"本地磁盘(E:)"选择"属性"→"工具"→"开始检查"，选中"自动修复文件系统错误"复选框，单击"开始"按钮执行扫描和修复磁盘错误操作。

2. 磁盘清理

双击打开"计算机"，右键单击"本地磁盘(C:)"，单击"属性"→"磁盘清理"，在"C:的磁盘清理"窗口中选中要删除的文件，单击"确定"按钮，如图 1-14 所示。在弹出的确认对话框中单击"删除文件"完成磁盘清理操作。

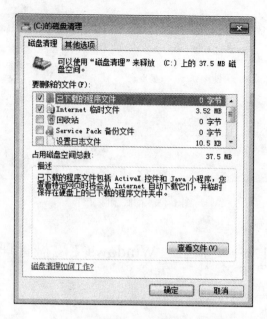

图 1-14　磁盘清理

3. 磁盘碎片整理

双击打开"计算机"，右键单击"本地磁盘(D:)"，选择"属性"→"工具"→"立即进行碎片整理"，在打开的窗口中选择"D:"，单击"磁盘碎片整理"完成操作，如图 1-15 所示。

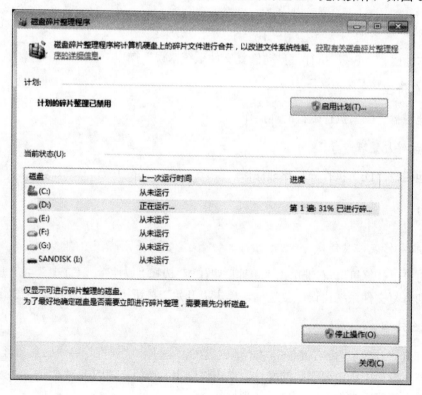

图 1-15　磁盘碎片整理

1.4 实验四 Windows 7 的应用程序

实验目的：

（1）学习使用 Windows 7 自带的画图程序。

（2）学习使用 Windows 7 自带的截图工具。

（3）了解 Windows 7 自带的数学输入工具。

实验内容：

1. 画图

使用 Windows 自带的画图程序绘制雨伞，如图 1-16 所示。将绘制好的图片保存到 "D:\Test\Student\" 文件夹中，文件名为 "雨伞.jpg"。

图 1-16　绘制雨伞

2. 截图工具

打开文件 "D:\Test\Teacher\Heart.jpg"，使用 Windows 自带的截图工具截取部分图片，如图 1-17 所示。将得到的图片保存在 "D:\Test\Teacher" 文件夹中，文件名为 "心脏.jpg"。

3. 数学输入面板

打开文件 "D:\Test\Student\公式.docx"，使用 Windows 的 "数学输入面板" 输入球的体积公式，如图 1-18 所示。

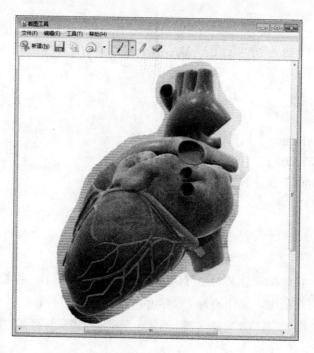

图 1-17 截取部分图片

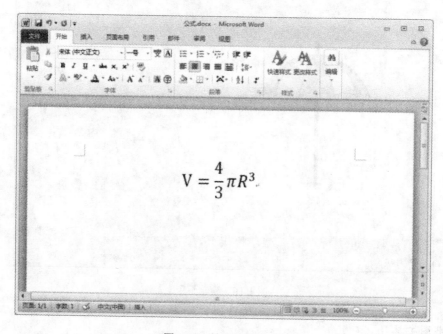

图 1-18 输入数学公式

实验步骤:

1. 画图

单击"开始"→"所有程序"→"附件"→"画图"打开画图程序,选择"椭圆形"、"3px"

粗细绘制 3 个顶点重合的椭圆，如图 1-19 所示。绘制的时候可以使用键盘上的"↑"、"↓"、"←"、"→"来调整椭圆位置使顶点重合。

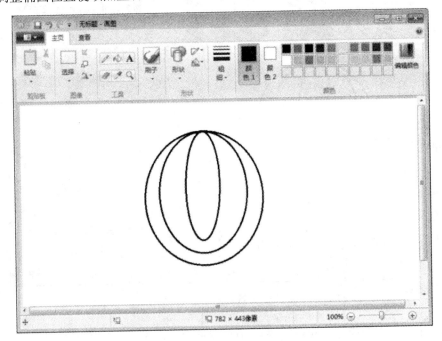

图 1-19　绘制椭圆

使用"选择"工具中的"矩形选择"工具选定范围，如图 1-20 所示。

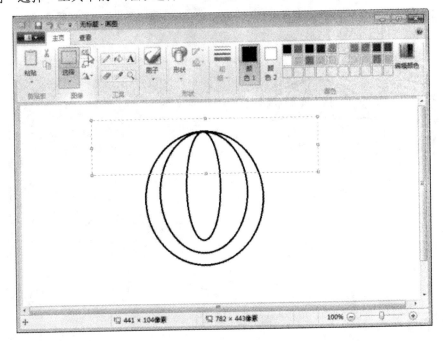

图 1-20　选择工具

单击"裁切"工具，保留选定部分，拉开画布，如图 1-21 所示。

图 1-21　裁切工具

选择"铅笔"、"曲线"、"3px"粗细绘制雨伞的下边缘部分,如图 1-22 所示。

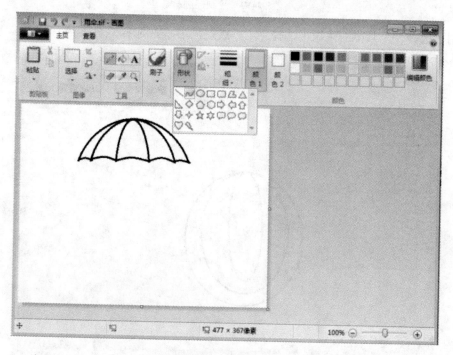

图 1-22　曲线工具

选择"铅笔"、"4px"粗细、"直线"和"曲线"工具分别绘制雨伞柄部分,如图 1-23 所示。

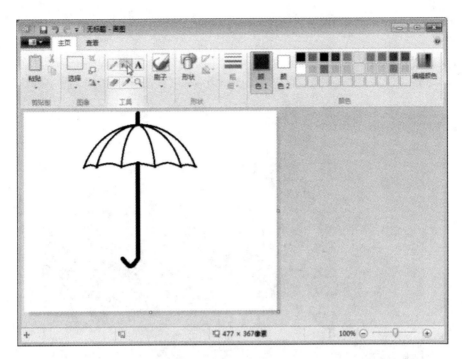

图 1-23 绘制雨伞柄

选择"用颜色填充"工具，并用"红色"、"黄色"前景色填充雨伞，如图 1-24 所示。

图 1-24 颜色填充工具

单击窗口左上角"保存"按钮，输入文件名"雨伞"，在"保存类型"的下拉菜单中选中"JPEG"，设置保存位置为"D:\Test\Student"，然后单击"保存"按钮完成保存画图。

2. 截图工具

打开文件"D:\Test\Teacher\Heart.jpg",单击"开始"→"所有程序"→"附件"→"截图工具"→"新建"→"任意格式截图",如图1-25所示。

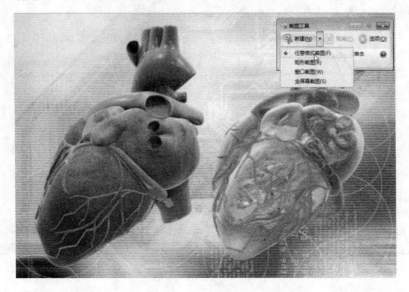

图1-25 选取截图方式

按住鼠标左键拖动选取截取范围,如图1-26所示。将得到的图片命名为"心脏.jpg",保存在"D:\Test\Teacher"文件夹中。

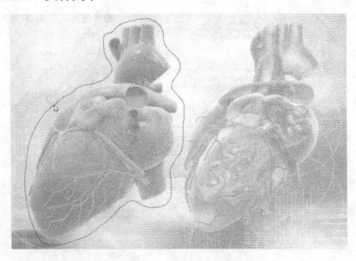

图1-26 选取截取范围

3. 数学输入面板

打开文件"D:\Test\Student\公式.docx",然后单击"开始"→"所有程序"→"附件"→"数学输入面板",单击"写入"然后按住鼠标左键在"数学输入面板"中输入球的体积公式,如图1-27所示。

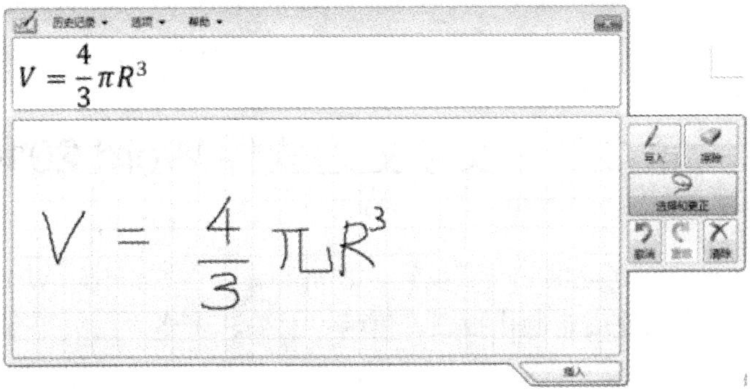

图 1-27　数学输入面板

输入时通过"擦除"、"选择和更正"、"撤消"、"重做"、"清除"功能调整识别内容，单击"插入"按钮在 Word 文档中插入公式，单击 Word 文档的"保存"按钮保存文件。

第 2 章　文字处理软件 Word 2010

Microsoft Word 2010 提供了文字编辑、表格制作、图文混排、Web 文档等功能，并具有丰富的各种特效。可以使用它制作报表、信函、书稿、表格、网页等各种类型的文档。

2.1　实验一　设置文档基本格式

实验目的：

（1）熟练掌握 Word 2010 的启动与退出。

（2）熟练掌握文档的建立、保存、编辑与排版操作。

（3）熟练掌握页面设置。

（4）熟练掌握图文混排的操作。

实验内容：

（1）打开文档"现代版希波克拉底誓言"，完成下面各项设置，样张如图 2-1 所示。

（2）页面设置，纸张大小 A4，上下页边距 2.5 厘米，左右页边距 3 厘米。

（3）对"现代版希波克拉底誓言"进行标题格式设置，样式：标题 1，字体：华文行楷，字号：一号，段落：居中。

（4）对文章的除标题部分进行格式设置，楷体、小四、1.15 倍行间距、首行缩进 2 字符、段前间距 0.3 行。

（5）对正文部分第二段设置首字下沉，3 行，距正文 0.5 厘米。

（6）为正文部分第三段设置 1 磅的阴影边框，段落底纹：紫色，强调文字颜色 4，淡色 40%。

（7）为正文部分第 6 段设置分栏，两栏并加分隔线。

（8）为正文部分第 7～9 段，设置项目符号➤。

（9）将正文部分第 4 段"严谨"分别设置为带圈字符：增大圈号，对文字"医生本人对病人的爱心，同情心，及理解有时比外科的手术刀和药物还重要"加着重号。

（10）在文档右下插入艺术字"大医精诚"，样式为第 4 行、第 5 列样式，竖排文字，设置紧密型环绕。

（11）页面背景设置为"蓝色面巾纸"。

（12）插入图片"蛇杖"，调整图片尺寸 4.33 厘米×4 厘米，衬于文字下方，位于第 5、6 段右侧。

（13）设置文档的页眉：空白，内容为：学号+姓名，在页面底端插入页码：普通数字 3。

（14）为标题插入尾注，内容为："《希波克拉底誓言》是希波克拉底警诫人类的古希腊职业道德的圣典，是约 2400 年以前向医学界发出的行业道德倡议书，是从医人员入学第一课要学的重要内容，也是全社会所有职业人员言行自律的要求，而且要求正式宣誓。”

（15）将文档保存在“d:\”，文件名为：学号+姓名 1.docx。

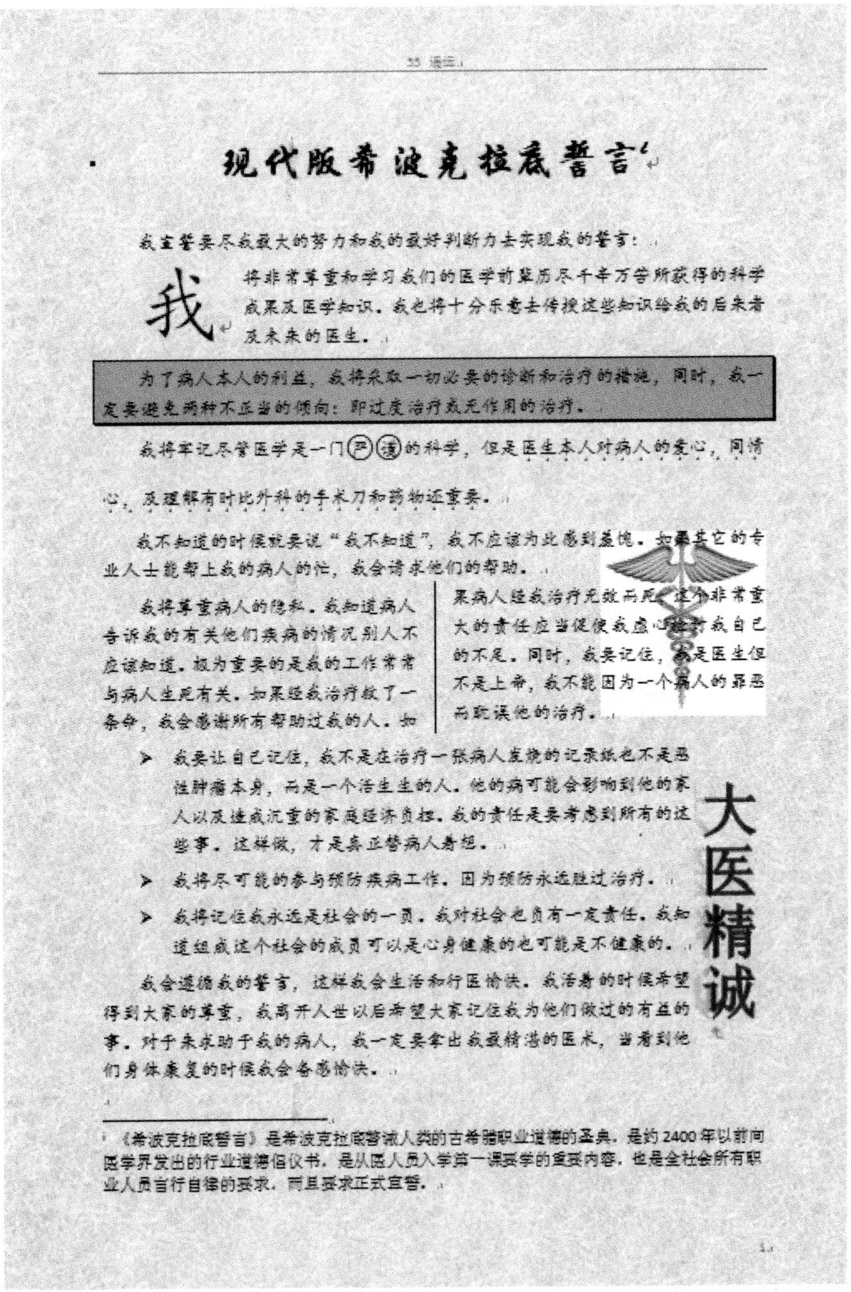

现代版希波克拉底誓言[1]

我宣誓要尽我最大的努力和我的最好判断力去实现我的誓言：

我将非常尊重和学习我们的医学前辈历尽千辛万苦所获得的科学成果及医学知识。我也将十分乐意去传授这些知识给我的后来者及未来的医生。

为了病人本人的利益，我将采取一切必要的诊断和治疗的措施，同时，我一定要避免两种不正当的倾向：即过度治疗或无作用的治疗。

我将牢记尽管医学是一门严谨的科学，但是医生本人对病人的爱心，同情心，及理解有时比外科的手术刀和药物还重要。

我不知道的时候就要说“我不知道”，我不应该为此感到羞愧。如果其它的专业人士能帮上我的病人的忙，我会请求他们的帮助。

我将尊重病人的隐私。我知道病人告诉我的有关他们疾病的情况别人不应该知道。极为重要的是我的工作常常与病人生死有关。如果经我治疗救了一条命，我会感谢所有帮助过我的人。如果病人经我治疗无效而死，这个非常重大的责任应当促使我虚心检讨我自己的不足。同时，我要记住，我是医生但不是上帝，我不能因为一个病人的罪恶而耽误他的治疗。

- 我要让自己记住，我不是在治疗一张病人发烧的记录纸也不是恶性肿瘤本身，而是一个活生生的人。他的病可能会影响到他的家人以及造成沉重的家庭经济负担。我的责任是要考虑到所有的这些事。这样做，才是真正替病人着想。
- 我将尽可能的参与预防疾病工作。因为预防永远胜过治疗。
- 我将记住我永远是社会的一员。我对社会也负有一定责任。我知道组成这个社会的成员可以是心身健康的也可能是不健康的。

我会遵循我的誓言，这样我会生活和行医愉快。我活着的时候希望得到大家的尊重，我离开人世以后希望大家记住我为他们做过的有益的事。对于来求助于我的病人，我一定要拿出我最精湛的医术，当看到他们身体康复的时候我会备感愉快。

大医精诚

[1]《希波克拉底誓言》是希波克拉底警诫人类的古希腊职业道德的圣典，是约 2400 年以前向医学界发出的行业道德倡议书，是从医人员入学第一课要学的重要内容，也是全社会所有职业人员言行自律的要求，而且要求正式宣誓。

图 2-1　样张

实验步骤：

（1）双击“现代版希波克拉底誓言”文件图标，打开文档。

（2）选择"页面布局"→"页面设置"→"纸张大小"：A4，选择"页面布局"→"页面设置"→"页边距"→"自定义边距"→"页边距-上"、"页边距-下"：2.5 厘米，"页边距-左"、"页边距-右"：3 厘米，如图 2-2 所示。

（3）在"现代版希波克拉底誓言"左侧的页边距处单击鼠标选中此行，进行下面操作："开始"→"样式"→"标题 1"，"开始"→"字体"→"华文行楷"，"开始"→"字体"→"一号"，"开始"→"段落"→"居中"。

（4）在需选择的第一行左侧页边距处按下鼠标并向下拖动，直到选择到最后一行，进行下面操作："开始"→"字体"→"楷体"，"开始"→"字体"→"小四"，"开始"→"段落"→"行和段间距"→"1.15"。单击"开始"→"段落"组中的"对话框启动器"按钮，打开"段落"对话框，设置"缩进-特殊格式"：首行缩进，"磅值"：2 字符，"间距-段前"：0.3 行，如图 2-3 所示。

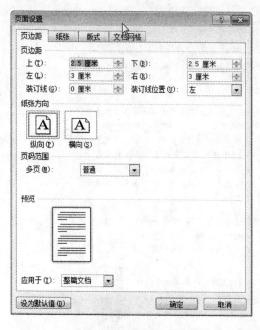 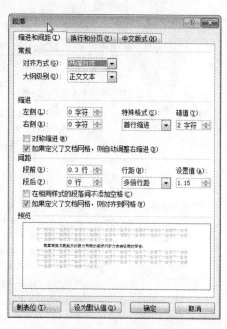

图 2-2 页面设置对话框　　　　　　　图 2-3 段落对话框

（5）光标定位在正文部分第 2 段，选择"插入"→"文本"→"首字下沉"→"首字下沉选项"→"位置"：下沉、"选项"中"下沉行数"：3、"距正文"：0.5 厘米，如图 2-4 所示。

（6）选中正文部分第三段，选择"页面布局"→"页面背景"→"页面边框"，在"边框和底纹"对话框的"边框"选项卡中设置"应用于"：段落、"宽度"：1.0 磅、"设置"：阴影，如图 2-5 所示。在"边框和底纹"对话框的"底纹"选项卡中设置"填充-主题颜色"：紫色，强调文字颜色 4，淡色 40%，如图 2-6 所示。

（7）选中正文第 6 段，选择"页面布局"→"页面设置"→"分栏"→"更多分栏"，在"分栏"对话框中设置"预设"：两栏，选中分隔线。

（8）选中正文部分第 7～9 段，选择"开始"→"段落"→"项目符号"→"➤"。

（9）选中第 4 段的"严"字，选择"开始"→"字体"→"带圈文字"，在"带圈文字"对话框中选择"增大圈号"。对"谨"字同样操作。

图 2-4　首字下沉对话框

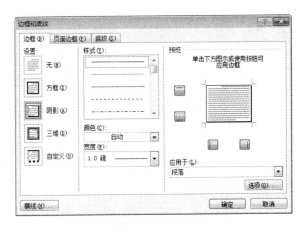

图 2-5　边框和底纹-边框

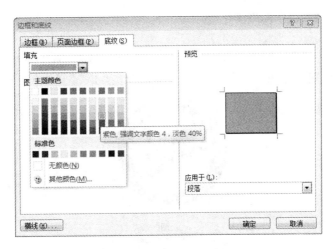

图 2-6　边框和底纹-底纹

选中文字内容"医生本人对病人的爱心，同情心，及理解有时比外科的手术刀和药物还重要"，单击"开始"→"字体"组中的对话框启动器，打开"字体"对话框，选择"着重号"下拉列表中的着重号。

（10）选择"插入"→"文本"→"艺术字"，选择第 4 行第 5 列艺术字样式，在弹出的艺术字框中输入"大医精诚"。选中新插入的艺术字，选择"绘图工具-格式"→"文本"→"文字方向"：垂直、"绘图工具-格式"→"排列"→"自动换行"→"紧密型环绕"。

（11）选择"页面布局"→"页面背景"→"页面颜色"→"填充效果"→"纹理"：蓝色面巾纸。

（12）选择"插入"→"图片"→"蛇杖"，选中图片，"图片工具-格式"→"大小"→"高度"：4.33 厘米，"宽度"：4 厘米。"图片工具-格式"→"排列"→"自动换行"→"衬于文字下方"。"开始"→"编辑"→"选择"→"选择对象"，选中衬于文字下方的图片，拖动调整位置，同样方法取消选择对象操作。

（13）"插入"→"页眉和页脚"→"页眉"→"空白"，在页眉区域输入自己的"学号+姓名"。"插入"→"页码"→"页面底端"→"普通数字 3"，在正文部分双击鼠标，可以关闭页眉页脚视图。

（14）光标定位在标题文字后，"引用"→"脚注"→"插入尾注"，光标跳转到文档尾部，输入尾注内容。

（15）"文件"→"另存为"，在"另存为"对话框中选择文件位置"d:\"，并输入文件名：学号+姓名 1。

2.2　实验二　使用插图

实验目的：

（1）熟练掌握在 Word 中插图的使用方法。

（2）熟练掌握图形的格式设置及组合。

（3）熟练掌握 SmartArt 图形操作。

实验内容：

（1）绘制无烟医院标识图形，如图 2-7 所示。保存在"d:\"，文件名：学号+姓名图 1.docx。

图 2-7　无烟医院标识

（2）使用 SmartArt 创建体检流程图，如图 2-8 所示。保存在"d:\"，文件名：学号+姓名图 2.docx。

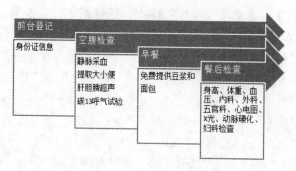

图 2-8　体检流程图

（3）使用形状工具，绘制门诊预约诊疗流程图，如图 2-9 所示。保存在"d:\"，文件名：学号+姓名图 3.docx。

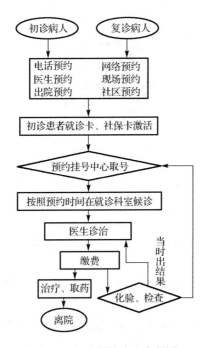

图 2-9　门诊预约诊疗流程图

实验步骤：

1. 绘制无烟医院的标识

（1）绘制一个长方形，选择"插入"→"插图"→"形状"→"矩形"中的矩形，在文档编辑区按下鼠标并拖动，进行绘制。选中刚插入的长方形，"绘图工具-格式"→"形状样式"→"形状填充"→"主题颜色"：黑色，"绘图工具-格式"→"形状样式"→"形状轮廓"：无轮廓。"绘图工具-格式"→"大小"，"形状高度"：0.5 厘米，"形状宽度"：2.8 厘米。

（2）同上方法，绘制两个小长方形，与第一个长方形在屏幕上等高显示，且高度均为 0.5 厘米，宽度均为 0.15 厘米，方法参照上一步。

（3）使用"插入"→"插图"→"形状"→"线条"→"自由曲线"，绘制两条曲线，形状轮廓：黑色，如图 2-10 所示。

（4）绘制"禁止符"，"插入"→"插图"→"形状"→"基本形状"→"禁止符"，在已绘制的烟上方绘制禁止符，调整禁止符的大小及内径。"绘图工具-格式"→"形状样式"→"形状填充"→"主题颜色"：红色，"绘图工具-格式"→"形状样式"→"形状轮廓"：红色，如图 2-11 所示。

（5）按下 Ctrl 键，使用鼠标选择全部形状，"绘图工具-格式"→"排列"→"组合"→"组合"。

（6）"插入"→"文本"→"文本框"→"绘制文本框"，在图形下方绘制文本框，并输入文字"无烟医院"，回车后继续输入文字"医院所有区域都不能吸烟，为了您的健康，请自觉遵守，谢谢配合！"，文本框的形状轮廓设为无轮廓，如图 2-12 所示。

（7）同步骤（5）方法，将图形与文本框进行组合，完成绘制，如图 2-7 所示。

无烟医院

医院所有区域都不能吸烟，为了您的健康，请自觉遵守，谢谢配合！

图 2-10 绘制"烟"　　　　图 2-11 禁止吸烟　　　　图 2-12 文本框

（8）将文件保存在"d:\"，文件名：学号+姓名图 1.docx。

2.　使用 SmartArt 创建体检流程图

（1）"插入"→"插图"→"SmartArt"，在"选择 SmartArt 图形"对话框中，选择"流程"→"递增箭头流程"。

（2）选中 SmartArt 图形，"SmartArt 工具"→"设计"→"创建图形"→"添加形状"，同样方法添加"项目符号"。

（3）在 SmartArt 文本框中或左侧出现的"在此处键入文字"对话框中依次输入文字内容，如图 2-8 所示。

（4）将文件保存在"d:\"，文件名：学号+姓名图 2.docx。

3.　使用形状工具绘制门诊预约诊疗流程图

（1）"插入"→"插图"→"形状"→"基本形状"→"椭圆"，拖动并绘制椭圆，选中该椭圆，"绘图工具-格式"→"形状样式"→"形状轮廓"：黑色，"绘图工具-格式"→"形状样式"→"形状填充"→"主题颜色"：无填充颜色。在此椭圆上右击鼠标，在弹出菜单中选择"添加文字"，输入内容"初诊病人"。

（2）"插入"→"插图"→"形状"→"线条"→"箭头"，在椭圆下方绘制一条带箭头的直线。选中此箭头，"绘图工具-格式"→"形状样式"→"形状轮廓"：黑色。"绘图工具-格式"→"形状样式"→"形状轮廓"→"箭头"选择合适的箭头样式。

（3）选择椭圆及箭头，"绘图工具-格式"→"排列"→"组合"→"组合"。

（4）复制已经组合的图形，并将椭圆内文字修改为"复诊病人"。

（5）参照图 2-9，依次绘制矩形、箭头等图形，可以将绘制完成的图进行组合，并添加文字内容。

（6）将文件保存在"d:\"，文件名：学号+姓名图 3.docx。

2.3　实验三　表格

实验目的：

（1）熟练掌握表格的创建。

（2）熟练掌握表格的基本格式设置。

实验内容：

（1）创建课程表，如图 2-13 所示。保存在 "d:\"，文件名：学号+姓名表 1.docx。

××医科大学 2013 级临床 3 班课程表

节＼星期		星期一	星期二	星期三	星期四		星期五
上午	1	外科	影像	内科	麻醉见习	诊断见习	外科
	2						
	3	诊断	影像见习		神经	诊断	超声
	4						
下午	5	医学英语	诊断见习	外科见习	伦理	外科见习	内科见习
	6						
	7	核医		医学英语	神经		
	8						

图 2-13　课程表

表格标题为 "××医科大学 2013 级临床 3 班课程表"，宋体、三号、加粗、居中。

绘制如图 2-13 所示表格。

表格内文字：宋体、五号、水平和垂直方向居中。

设置表格边线，外边线 2.5 磅，内框线 1.0 磅，上下午分隔线 1.5 磅双线。

（2）创建体检表，并设置格式，如图 2-14 所示。保存在 "d:\"，文件名：学号+姓名表 2.docx。

中心医院基本体检表

姓　　名		性别		出生日期		近期
身份证号						1 寸免冠 正面半身 彩色照片 （加盖体检医院公章）
工作单位						
出生地		民族		婚否		
既往病史						
家族史						
内科	呼吸	次/分	脉搏		次/分	医师意见：
	血压		/mHg			签名：
	其他					
外科	身高		厘米	体重	千克	医师意见：
	皮肤		淋巴结			签名：
	头、颈		甲状腺			
	其他					
辅助检查结果	胸片					医师签名：
	心电图					医师签名：
	肝功能					检验师签名：
	乙肝两对半					检验师签名：
	血常规		血型			检验师签名：
	尿常规					检验师签名：

体检结果：

结果：（请在以下项目序号前打 "√" 表示选定该项体检结果）

①健康或正常　②一般或较弱　③有慢性病

④传染病传染期　⑤精神病发病期　⑥身体残疾

说明：一、如选择上述结果③，请继续在下列符合的项目上用 "√" 表示：

1、心血管病　2、脑血管病　3、慢性呼吸系统病

4、慢性消化系统病　5、慢性肾炎　6、结核病

7、神经或精神疾病　8、糖尿病　9、其他_____

二、如选择上述结果④⑤⑥之一者，请具体说明：_____

_____

体检医院盖章

体检日期：　　　年　　月　　日
医师签名：　　　　填表日期：　　　年　　月　　日

图 2-14　体检表

表格标题"中心医院基本体检表"：宋体，一号，居中。

绘制如图2-14所示表格。

表格内文字：宋体、五号、水平和垂直方向居中。

实验步骤：

1. 创建课程表

（1）输入表格标题"××大学2013级临床3班课程表"，选中输入的文字，"开始"→"字体"→"宋体"，"开始"→"字体"→"三号"，"开始"→"段落"→"居中"，"开始"→"字体"→"B"。

（2）"插入"→"表格"→"插入表格"，在"插入表格"对话框中输入行数9、列数6。

（3）将光标放至第一行的下边线，鼠标指针变形后按下左键并拖动调整第一行行高；将光标放在第一列的右侧边线上，鼠标指针变形后按下左键并拖动调整第一列列宽。

（4）将光标定位在第一行第一列的单元格中，单击"表格工具-设计"→"表格样式"→"边框"右侧的下拉按钮，在下拉列表中选择"斜下框线"命令。

（5）在第一行第一列的单元格中输入文字"星期"，回车后输入"节"，调整文字位置。

（6）在第一行其余单元格中依次输入"星期一"至"星期五"，选中这些单元格，"表格工具-布局"→"对齐方式"→"水平居中"。

（7）选择第一列的第2～9行单元格，"表格工具-布局"→"合并"→"拆分单元格"，拆分列数为2，如图2-15所示。

（8）分别选择第一列左侧子列的1～4行及5～8行，"表格工具-布局"→"合并"→"合并单元格"。

（9）在第一列右侧子列中依次输入数字"1"至"8"，如图2-16所示。

图2-15 拆分单元格

节＼星期		星期一	星期二	星期三	星期四	星期五
上午	1					
	2					
	3					
	4					
下午	5					
	6					
	7					
	8					

××医科大学2013级临床3班课程表

图2-16 拆分及合并第一列

（10）参照样表，重复合并及拆分表格其他部分，并输入文字内容。

（11）选中整个表格，"表格工具-设计"→"表格样式"→"边框"右侧的下拉按钮，在下拉列表中选择"边框和底纹"命令，弹出"边框和底纹"对话框。

（12）在边框选项卡中，"应用于"：表格，宽度：2.25磅，在右侧预览中分别添加表的上、下、左、右4条外边线。表格内线宽度：1.0磅，添加方法同上，如图2-17所示。

图 2-17　设置表格边框和底纹

（13）选择第 5 小节所在的行，"表格工具-设计"→"表格样式"→"边框"右侧的下拉按钮，在下拉列表中选择"边框和底纹"命令，弹出"边框和底纹"对话框，设置当前行的上边线为 1.5 磅双线。

（14）输入表格中的其余文字内容，并设置为水平居中，同步骤（6），如图 2-13 所示。

（15）将文件保存在"d:\"，文件名：学号+姓名表 1.docx。

2．创建体检表

（1）输入表格标题"中心医院基本体检表"，宋体，一号，居中。

（2）插入 20 行 3 列表格，"插入"→"表格"→"插入表格"，在插入表格对话框中输入 20 行 3 列。

（3）将光标放在表格的第 2 条竖线上（不要选中任何单元格），单击并拖动鼠标将第 2 条竖线向左侧移动，同样方法将表格第 3 条竖线向右移动，移动位置参考样表。

（4）光标定位于第 1 行第 2 个单元格，选择"表格工具-布局"→"合并"→"拆分单元格"，拆分列数为 5。

（5）依照样表，输入第 1 行的文字内容：姓名、性别和出生日期。

（6）光标定位于第 2 行的第 2 个单元格，选择"表格工具-布局"→"合并"→"拆分单元格"，拆分列数为 18。

（7）第 4 行操作同步骤（4）的第一行操作。

（8）选中 7～9 行的第 1 列，"表格工具-布局"→"合并"→"合并单元格"，选中该单元格，向左拖动单元格右边线，位置参考样张。

（9）对表格剩余部分，分别使用"表格工具-布局"→"合并"→"拆分单元格"及"表格工具-布局"→"合并"→"合并单元格"，完成表格结构设置。

（10）添加表格的文字内容，设置文字格式。

（11）将文件保存在"d:\"，文件名：学号+姓名表 2.docx。

2.4 实验四 长文档排版

实验目的：

（1）熟练掌握长文档排版设置。
（2）熟练掌握样式的使用方法。
（3）熟练掌握导航窗格的使用。
（4）熟练掌握目录的生成。
（5）熟练掌握批注的设置。

实验内容：

（1）打开文档"医学"，完成下面各项设置，样张如图 2-18 所示。

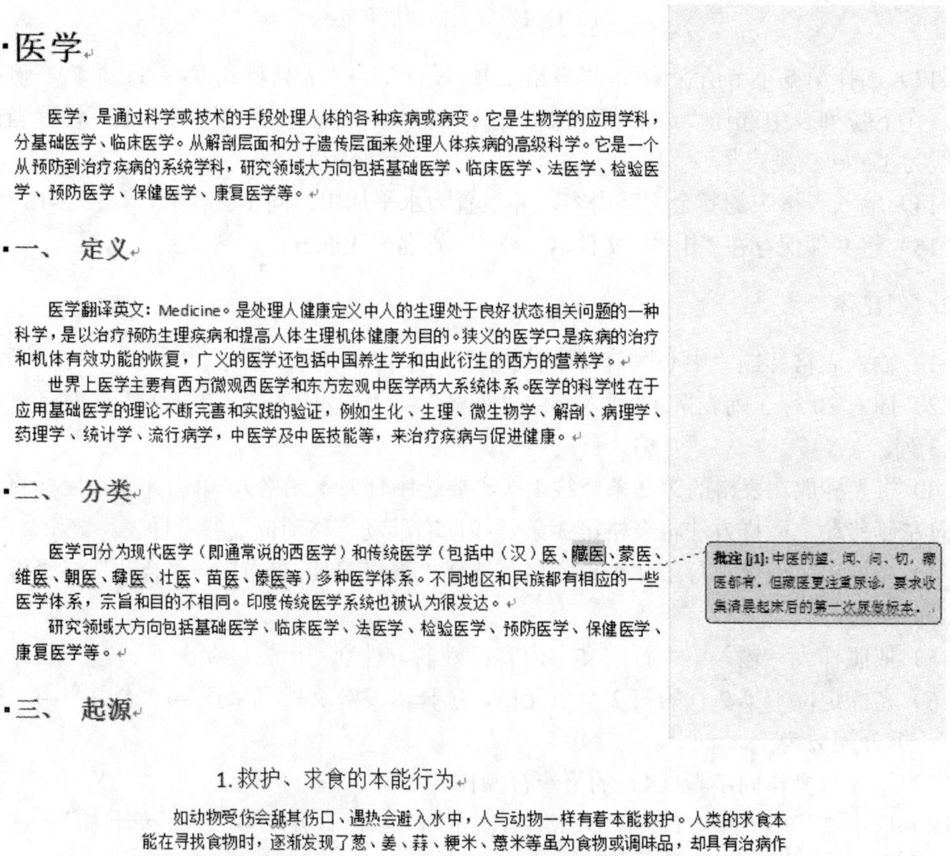

·医学

医学，是通过科学或技术的手段处理人体的各种疾病或病变。它是生物学的应用学科，分基础医学、临床医学。从解剖层面和分子遗传层面来处理人体疾病的高级科学。它是一个从预防到治疗疾病的系统学科，研究领域大方向包括基础医学、临床医学、法医学、检验医学、预防医学、保健医学、康复医学等。

·一、 定义

医学翻译英文：Medicine。是处理人健康定义中人的生理处于良好状态相关问题的一种科学，是以治疗预防生理疾病和提高人体生理机体健康为目的。狭义的医学只是疾病的治疗和机体有效功能的恢复，广义的医学还包括中国养生学和由此衍生的西方的营养学。

世界上医学主要有西方微观西医学和东方宏观中医学两大系统体系。医学的科学性在于应用基础医学的理论不断完善和实践的验证，例如生化、生理、微生物学、解剖、病理学、药理学、统计学、流行病学，中医学及中医技能等，来治疗疾病与促进健康。

·二、 分类

医学可分为现代医学（即通常说的西医学）和传统医学（包括中（汉）医、藏医、蒙医、维医、朝医、彝医、壮医、苗医、傣医等）多种医学体系。不同地区和民族都有相应的一些医学体系，宗旨和目的不相同。印度传统医学系统也被认为很发达。

研究领域大方向包括基础医学、临床医学、法医学、检验医学、预防医学、保健医学、康复医学等。

> **批注 [j1]：** 中医的望、闻、问、切，藏医都有。但藏医更注重尿诊。要求收集清晨起床后的第一次晨尿标本。

·三、 起源

1. 救护、求食的本能行为

如动物受伤会舐其伤口、遇热会避入水中，人与动物一样有着本能救护。人类的求食本能在寻找食物时，逐渐发现了葱、姜、蒜、粳米、薏米等虽为食物或调味品，却具有治病作用；

2. 生活经验创造了医学

先古人类通过劳动制造出利器，从而产生了砭石、骨针等医疗器具，逐渐掌握了运用工具治疗疾病的经验。与此同时，人们发现活动肢体可以舒筋活络，强身健体，"导引术"、"五禽戏"的形成，也是古代人们积累生活经验后产生的保健养生观；

图 2-18 长文档样张

3. 医、巫的合与分

由于原始人受制于智力尚未开化，对自然界的变化以及宇宙间的一切反常现象，心存恐惧，难以做科学、合理的解释，因而误以为有超自然的力量主宰其中。故巫、医合流曾是中、西医学共有的一段历史。

4. 轴心时代中、西医学的峰巅之作

雅斯贝斯曾说："如果历史有一个轴心，那么我们就必须将这轴心作为一系列对全部人类都有意义的事件，……发生于公元前800至200年间的这种精神历程似乎构成了这样一个轴心。……非凡的事件都集中发生在这个时期。……并且是独立地发生在中国、印度和西方"。

四、 中西医交融

不管是中医学还是西医学，从二者现有的思维方式的发展趋势来看，均是走向现代系统论思维，中医药学理论与现代科学体系之间具有系统同型性，属于本质相同而描述表达方式不同的两种科学形式。可望在现代系统论思维上实现交融或统一，成为中西医在新的发展水平上实现交融或统一的支撑点，希冀籍此能给中医学以至生命科学带来良好的发展机遇，进而对医学理论带来新的革命。

图 2-18 长文档样张（续）

（2）在当前文档中显示"导航窗格"。

（3）将"医学"设置为：标题1。

（4）将"定义"、"分类"、"起源"和"中西医交融"设置为标题2。

（5）将"定义"设置为字体颜色："红色"，添加项目编号："一"。

（6）使用"定义"的格式更新"标题2"并应用于同格式文字。

（7）为"救护、求食的本能行为"设置项目编号1、2、3……，字号：四号，大纲级别：3级。

（8）为"救护、求食的本能行为"的格式创建样式，名称为"新样式"。

（9）为"生活经验创造了医学"、"医、巫的合与分"和"轴心时代中、西医学的峰巅之作"应用"新样式"。

（10）选择未经设置的所有文字，设置首行缩进2字符。

（11）为分类部分第一行中的"藏医"添加批注："中医的望、闻、问、切，藏医都有。但藏医更注重尿诊，要求收集清晨起床后的第一次尿做标本。"

（12）在标题上方插入目录，并使文章内容从新的一页开始（目录单独占一页）。

（13）查看文档结构。

（14）将文档保存在"d:\"，文件名：为学号+姓名4.docx。

实验步骤：

（1）双击打开"医学"文档。

（2）选择"视图"→"显示"→"导航窗格"，在文档左侧显示导航窗格。

（3）选中"医学"，"开始"→"样式"→"标题1"。

（4）使用Ctrl键选择不连续的文字，"定义"、"分类"、"起源"和"中西医交融"，"开始"→"样式"→"标题2"。

（5）选中"定义"，"开始"→"字体"→"文字颜色"：红色。"开始"→"段落"→"编号"右侧的小三角按钮，在下拉列表中选择"一、二、三、"格式。

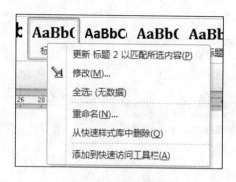

图 2-19　更新样式菜单

（6）选中"定义"，右键单击"开始"→"样式"→"标题 2"，在弹出菜单中选择"更新标题 2 以匹配所选内容"，如图 2-19 所示。"分类"、"起源"和"中西医交融"同时变成与"定义"相同格式，红色文字带编号。

（7）选中"救护、求食的本能行为"，"开始"→"段落"→"编号"右侧的小三角按钮，在下拉列表中选择"1. 2. 3."格式。"开始"→"字体"→"四号"，单击"开始"→"段落"→"对话框启动器"，打开段落对话框。在大纲级别中选择"3 级"。

（8）选中"救护、求食的本能行为"，"开始"→"样式"打开快速样式列表，选择"将所选内容保存为新快速样式"，如图 2-20 所示。在弹出对话框中输入样式名"新样式"，如图 2-21，确定后出现在快速样式框中。

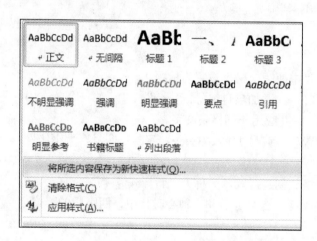

图 2-20　将所选内容保存为新快速样式

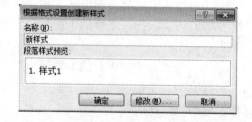

图 2-21　创建新样式

（9）分别对"生活经验创造了医学"、"医、巫的合与分"和"轴心时代中、西医学的峰巅之作"设置"新样式"。

（10）任选一段未经设置的文字，"开始"→"编辑"→"选择"→"选择格式相似的文本"，"开始"→"段落"→"对话框启动器"，打开段落对话框。单击"缩进"中的"特殊格式"：首行缩进、"磅值"：2 字符。

（11）选中分类部分"藏医"，"审阅"→"批注"→"新建批注"，在出现的批注区域输入"中医的望、闻、问、切，藏医都有。但藏医更注重尿诊，要求收集清晨起床后的第一次尿做标本。"

（12）光标定位于标题前，"引用"→"目录"→"目录"中的"自动目录 2"，插入目录。光标定位于目录后，"插入"→"页"→"分页"，如图 2-22 所示。

（13）在导航窗格查看文档结构，如图 2-23 所示。

（14）"文件"→"另存为"，在对话框中选择"d:\"，并输入文件名：学号+姓名 4.docx。

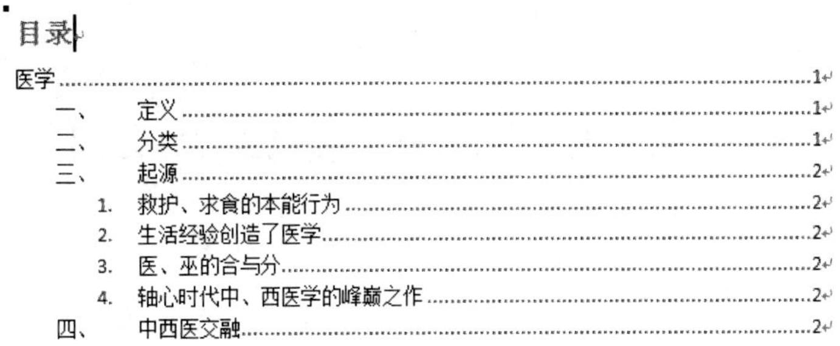

目录

医学...1
    一、 定义...1
    二、 分类...1
    三、 起源...2
        1. 救护、求食的本能行为...2
        2. 生活经验创造了医学...2
        3. 医、巫的合与分...2
        4. 轴心时代中、西医学的峰巅之作...2
    四、 中西医交融...2

图 2-22　目录

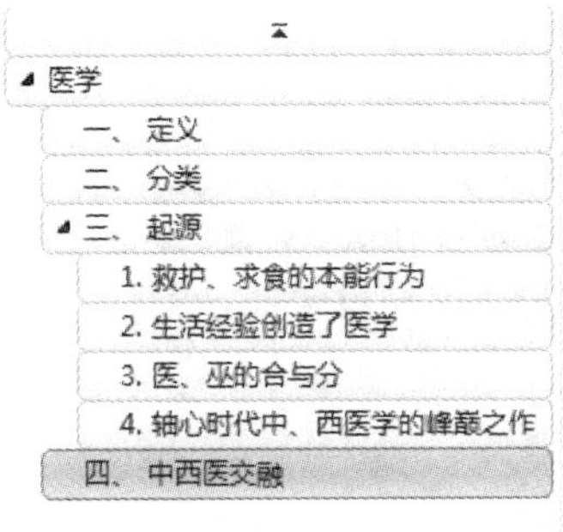

图 2-23　文档结构

第3章 电子表格软件 Excel 2010

3.1 实验一 工作表的基本操作

实验目的：

（1）熟悉 Excel 2010 的启动和退出。

（2）了解 Excel 2010 的窗口界面。

（3）掌握工作簿和工作表的基本操作。

（4）掌握工作表中的数据输入编辑和格式编排。

（5）掌握函数和公式的使用。

实验内容：

（1）启动 Excel 2010，在工作簿 1 的 Sheet1 工作表中输入如图 3-1 所示的表格数据。

	A	B	C	D	E	F	G	H	I	J	K
1	工号	姓名	应发工资					扣减金额			实发工资
2			工资	津贴	补助	加班费	奖励	社保	水电费	其他	
3	0210	石立方	3800	800	1562	1075	1500	950	178	0	
4	0211	陈旭平	3600	750	920	0	500	950	120	150	
5	0212	宋苏兰	3200	500	573	0	500	750	98	0	
6	0213	艾年利	3000	500	1294	651	0	600	65	150	
7	0214	熊小军	3200	550	1000	875	1500	750	150	30	
8	0215	徐淑芳	3500	700	1394	1080	0	900	200	0	
9	0216	王灿	3000	500	1194	0	0	600	70	0	
10	0217	贺相利	3500	700	1000	875	1500	850	105	30	
11	0218	易元涛	3100	550	967	950	0	700	60	0	
12	0219	宋立香	3700	800	1260	510	0	950	35	0	
13											
14											
15											

图 3-1 输入数据

（2）分别在"奖励"列和"其他"列之后各插入一个新列"小计"，并计算出每个人的应发工资"小计"、扣减金额"小计"及"实发工资"。其中，应发工资"小计"是指"工资"、"津贴"、"补助"、"加班费"与"奖励"之和，扣减金额"小计"是指"社保"、"水电费"与"其他"之和，"实发工资"则是由"应发工资"减去"扣减金额"而得。

（3）在第一行之前插入一行作为标题行，标题内容为"A 公司 2016 年 6 月员工工资表"，格式为微软雅黑、18 号、加粗、蓝色、双下划线，且合并居中显示。单元格区域 A2:M3 应用"主题单元格样式"的"强调文字颜色 2"。分别对单元格区域 A2:A3、B2:B3、C2:H2、I2:L2、M2:M3 进行合并居中。

（4）设置单元格区域 C4:M13 的数字格式为货币，无小数位，并加货币符号"¥"。

（5）设置第一行行高为 35，表中各列自动调整适合的列宽。

（6）设置单元格区域 M4:M13 条件格式为"蓝色数据条渐变填充"。

（7）设置单元格区域 A2:M13 为水平、垂直居中，并为该区域绘制表格边框，外边框为粗实线，内边框为单细线。

（8）将工作表 Sheet1 重命名为"6 月份"。最后，保存工作簿文件，取名为"A 公司员工工资表.xlsx"，效果如图 3-2 所示。

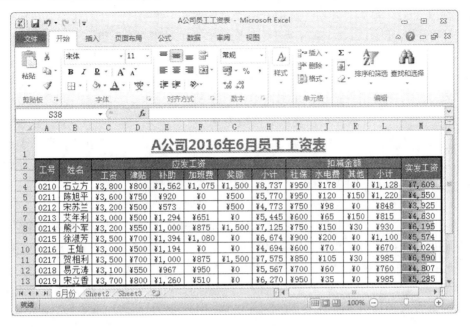

图 3-2　工资表效果

实验步骤：

（1）单击"开始"按钮→"所有程序"→"Microsoft Office"→"Microsoft Excel 2010"命令启动 Excel 2010。在 Sheet1 工作表中的 A1 至 K12 单元格区域输入如图 3-1 所示的表格数据，其中，输入"工号"时，要在输入数值之前，先输入单引号，用此方法在 A3 单元格输入工号后，拖拽其填充柄，自动填充数据至单元格 A4:A12 区域。

（2）右键单击 H 列列标题，在弹出的快捷菜单中选择"插入"命令，则插入一个新列，在 H2 单元格输入标题"小计"。然后，选择单元格区域 C3:H12，单击"开始"选项卡→"编辑"组→"自动求和"按钮，则同步算出每个人的应发工资"小计"。

右键单击 L 列列标题，用同样的方法插入一个新列，并在 L2 单元格输入标题"小计"，再选择单元格区域 I3:L12，自动求和得出每个人的扣减金额"小计"。

单击选择 M3 单元格，在其中编辑公式"=H3-L3"，求出第一个人的"实发工资"，再利用填充柄的自动填充功能在单元格区域 M4:M12 中分别求出每个人的"实发工资"。

（3）右键单击第一行行标题，在弹出的快捷菜单中选择"插入"命令，则在第一行之前插入一个新行。选中单元格区域 A1:M1，单击"开始"选项卡→"对齐方式"组→"合并后居中"按钮，则所选区域合并成一个单元格，此时直接输入标题"A 公司 2016 年 6 月员工工资表"，并在"开始"选项卡的"字体"任务组里，设置"字体"、"字号"、"加粗"、"字体颜色"、"下划线"分别为"微软雅黑"，"18"，"加粗"，"蓝色"和"双下划线"。

选中单元格区域 A2:M3，单击"开始"选项卡→"样式"组→"单元格样式"按钮→"主题单元格样式"→"强调文字颜色 2"选项设置其单元格样式。

选中单元格区域 A2:A3，单击"开始"选项卡→"对齐方式"组→"合并后居中"按钮进行合并居中，使用格式刷复制格式到 B2:B3、M2:M3 单元格区域分别进行合并居中。选中单元格区域 C2:H2，单击"开始"选项卡→"对齐方式"组→"合并后居中"按钮进行合并居中。选中单元格区域 I2:L2，单击"开始"选项卡→"对齐方式"组→"合并后居中"按钮进行合并居中。

（4）选择单元格区域 C4:M13，单击打开"开始"选项卡→"数字"组→"数字格式"下拉列表，从中选择"货币"选项，再多次单击"开始"选项卡→"数字"组→"减少小数位数"按钮使小数位数为 0。

图 3-3　"行高"对话框

（5）单击行号"1"选中第一行，选择"开始"选项卡→"单元格"组→"格式"按钮→"行高"命令，打开"行高"对话框，如图 3-3 所示。输入"35"，单击"确定"按钮。

双击各列标题之间的竖线以自动调整各列列宽。

（6）选择单元格区域 M4:M13，单击"开始"选项卡→"样式"组→"条件格式"按钮→"数据条"→"渐变填充"→"蓝色数据条"选项。

（7）选择单元格区域 A2:M13，单击"开始"选项卡里的"对齐方式"任务组右下角的"对话框启动器"，在弹出的"设置单元格格式"对话框的"对齐"选项卡中，设置"水平对齐"和"垂直对齐"方式均为"居中"，如图 3-4 所示。

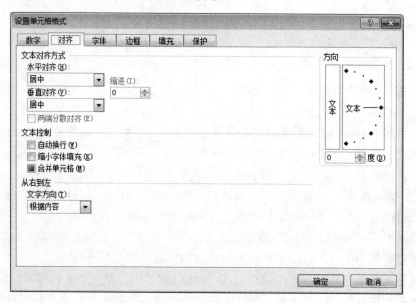

图 3-4　对齐方式设置

单击"设置单元格格式"对话框的"边框"选项卡，从"线条"列表框中选择粗直线线型，单击"外边框"按钮。再从"线条"列表框中选择细直线线型，单击"内部"按钮，如图 3-5 所示，最后单击"确定"按钮。

（8）双击 Sheet1 工作表标签，进入重命名状态，改名为"6 月份"。单击"快速访问工具栏"上的"保存"按钮,在弹出的"另存为"对话框中,选择保存位置,在"文件名"文本框中输入工作簿的名称"A 公司员工工资表.xlsx"后,单击"保存"按钮。

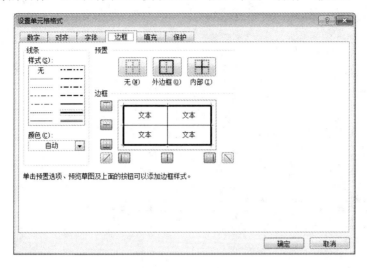

图 3-5　边框设置

3.2　实验二　数据管理

实验目的:

(1)掌握 Excel 2010 的单元格格式设置和工作表的基本操作。

(2)掌握 SUMIF 函数和 RANK 函数的使用方法。

(3)掌握工作表中数据的排序、筛选和分类汇总方法。

实验内容:

(1)打开工作簿"实验二",选择工作表"销售表源表"作为活动工作表,表中数据如图 3-6 所示。

将表中所有日期的格式均更改为"2001-03-14",并将单元格区域 J1:L1 设置为绿色底纹,单元格区域 K2:L6 设置为黄色底纹。

(2)利用 SUMIF 函数统计出每个销售员的销售总金额。

(3)利用 RANK 函数按"计算出的销售总金额"统计出每个销售员的排名。

(4)复制单元格区域 A1:H18 到 Sheet2 工作表中的相同区域,并将 Sheet2 工作表重命名为"排序"。建立"排序"工作表的副本"排序(2)"、"排序(3)"和"排序(4)",插入到 Sheet3 工作表之前,分别重命名为"自动筛选"、"高级筛选"和"分类汇总"。

(5)对"排序"表中的数据进行多重排序,先以"产品类别"为条件"升序"排序,再以"金额"为条件"降序"排序。

(6)对"自动筛选"表中的数据进行自动筛选,筛选出销售员"杨韬"和"邓云洁"电器销售金额超过 10 万的记录信息。

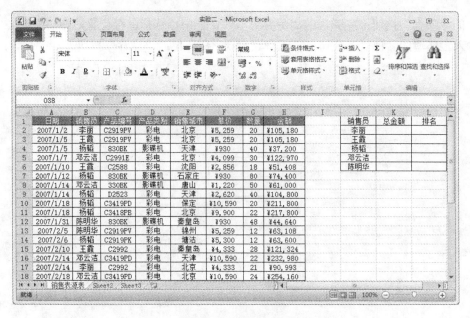

图 3-6　销售表源表

（7）在"高级筛选"工作表中，以 J1 单元格为起始位置，设置筛选条件："彩电销售金额在 20 万以上"或者"影碟机销量大于等于 50 台"，来对表中数据进行高级筛选，并将筛选结果显示在以 A20 单元格为起始位置的单元格区域内。

（8）在"分类汇总"工作表中，分别统计每个销售员的销售总金额，并将统计出来的结果降序排序。

实验步骤：

（1）启动 Excel 2010 后，单击"文件"按钮，进入文件面板，选择"打开"命令，则会弹出"打开"对话框，如图 3-7 所示。访问工作簿所在的文件夹，选择要打开的"实验二"工作簿文件，单击"打开"按钮，就可以打开此工作簿。

图 3-7　"打开"对话框

单击"销售表源表"工作表标签，使之成为活动工作表。选择单元格区域 A2:A18，单击"开始"选项卡里的"数字"任务组右下角的"对话框启动器"，在弹出的"设置单元格格式"对话框的"数字"选项卡中，选择"分类"为"日期"，"区域设置"为"英语（英国）"，"类型"为"2001-03-14"，单击"确定"按钮，如图 3-8 所示。

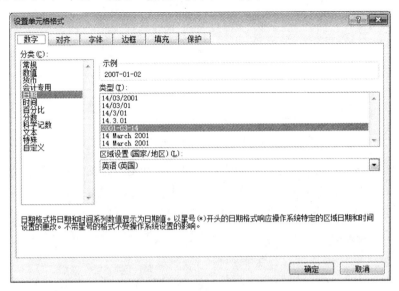

图 3-8　设置日期格式

选择 A1 单元格后，单击"开始"选项卡→"剪贴板"组→"格式刷"按钮，再选择单元格区域 J1:L1 进行格式复制。

选择单元格区域 K2:L6，单击"开始"选项卡→"字体"组→"填充颜色"下拉按钮→"标准色"→"黄色"选项，设置黄色底纹。

（2）选择 K2 单元格后，单击编辑栏左侧的"插入函数"按钮，打开如图 3-9 所示的"插入函数"对话框，选择"全部"类别中的 SUMIF 函数。

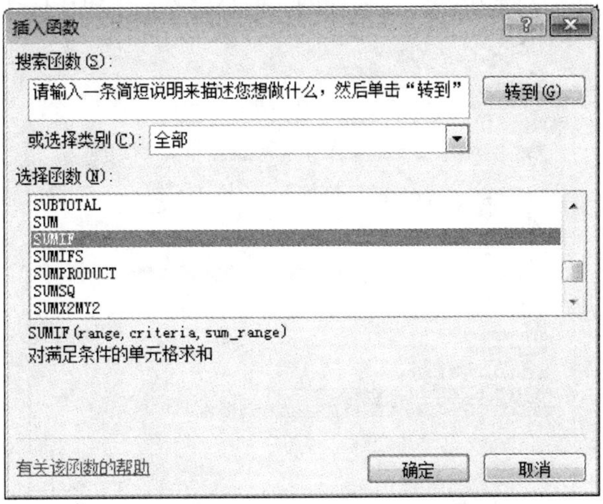

图 3-9　插入函数 SUMIF

单击"确定"按钮，则打开"函数参数"对话框，进行如图 3-10 所示的设置。

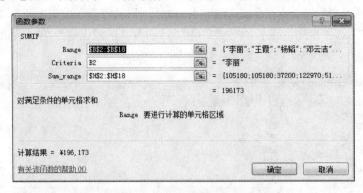

图 3-10　SUMIF 函数参数设置

单击"确定"按钮，得出"李丽"的销售总金额。利用填充柄，将 K2 单元格中的函数自动填充到单元格区域 K3:K6，从而得出每个人的销售总金额。其中，K6 单元格中的函数参数需要修正，具体如图 3-11 所示。单击"确定"按钮以完成设置。

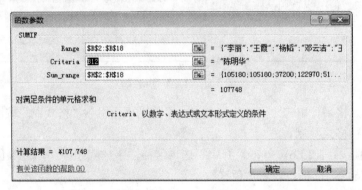

图 3-11　K6 单元格中的函数参数

（3）选择 L2 单元格后，单击编辑栏左侧的"插入函数"按钮，打开如图 3-12 所示的"插入函数"对话框，选择 RANK 函数。

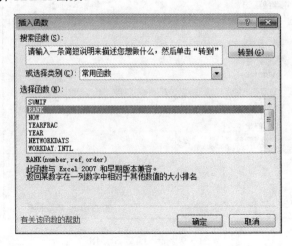

图 3-12　插入函数 RANK

单击"确定"按钮，则打开"函数参数"对话框，进行如图 3-13 所示的设置。

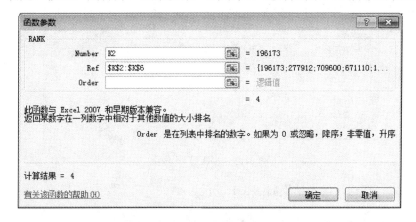

图 3-13　RANK 函数参数设置

单击"确定"按钮，得出"李丽"的排名。利用填充柄，将 L2 单元格中的函数自动填充到单元格区域 L3:L6，从而得出每个人的排名。

表格编辑效果如图 3-14 所示。

	A	B	C	D	E	F	G	H	I	J	K	L
1	日期	销售员	产品编号	产品类别	销售城市	单价	数量	金额		销售员	总金额	排名
2	2007-01-02	李丽	C2919PV	彩电	北京	¥5,259	20	¥105,180		李丽	¥196,173	4
3	2007-01-05	王霞	C2919PV	彩电	北京	¥5,259	20	¥105,180		王霞	¥277,912	3
4	2007-01-05	杨韬	830BK	影碟机	天津	¥930	40	¥37,200		杨韬	¥709,600	1
5	2007-01-07	邓云洁	C2991E	彩电	北京	¥4,099	30	¥122,970		邓云洁	¥671,110	2
6	2007-01-10	王霞	C2588	彩电	沈阳	¥2,856	18	¥51,408		陈明华	¥107,748	5
7	2007-01-12	杨韬	830BK	影碟机	石家庄	¥930	80	¥74,400				
8	2007-01-14	邓云洁	330BK	影碟机	唐山	¥1,220	50	¥61,000				
9	2007-01-14	杨韬	D2523	彩电	天津	¥2,620	40	¥104,800				
10	2007-01-18	杨韬	C3419PD	彩电	保定	¥10,590	20	¥211,800				
11	2007-01-18	杨韬	C3418PB	彩电	北京	¥9,900	22	¥217,800				
12	2007-01-31	陈明华	830BK	影碟机	秦皇岛	¥930	48	¥44,640				
13	2007-02-05	陈明华	C2919PV	彩电	锦州	¥5,259	12	¥63,108				
14	2007-02-06	杨韬	C2919PK	彩电	塘沽	¥5,300	12	¥63,600				
15	2007-02-10	王霞	C2992	彩电	秦皇岛	¥4,333	28	¥121,324				
16	2007-02-14	邓云洁	C3419PD	彩电	天津	¥10,590	22	¥232,980				
17	2007-02-14	李丽	C2992	彩电	北京	¥4,333	21	¥90,993				
18	2007-02-18	邓云洁	C3419PD	彩电	北京	¥10,590	24	¥254,160				

销售表源表　Sheet2　Sheet3

图 3-14　表格编辑效果

（4）选择单元格区域 A1:H18，按 Ctrl+C 键，单击工作表标签 Sheet2，切换到 Sheet2 工作表，选择 A1 单元格，按 Ctrl+V 键，单击"快速访问工具栏"上的"保存"按钮结束复制状态并保存，双击列标自动调整整列列宽以显示完整数据。双击工作表标签 Sheet2，进入重命名状态，改工作表名为"排序"。

按住 Ctrl 键，用鼠标拖动"排序"工作表标签至 Sheet3 工作表之前，即生成"排序"工作表的副本"排序（2）"。双击"排序（2）"工作表标签，重命名为"自动筛选"。用同样方法建立"高级筛选"工作表和"分类汇总"工作表。

（5）单击"排序"工作表标签，切换到"排序"工作表，选择表中包含数据的任一单元格，再单击"数据"选项卡→"排序和筛选"组→"排序"按钮，弹出"排序"对话框，选择主要关键字为"产品类别"选项，单击"添加条件"按钮，添加次要关键字"金额"选项，并设置"降序"，如图 3-15 所示。

图 3-15　多重排序设置

单击"确定"按钮，排序结果如图 3-16 所示。

	A	B	C	D	E	F	G	H	I	J
1	日期	销售员	产品编号	产品类别	销售城市	单价	数量	金额		
2	2007-02-18	邓云洁	C3419PD	彩电	北京	¥10,590	24	¥254,160		
3	2007-02-14	邓云洁	C3419PD	彩电	天津	¥10,590	22	¥232,980		
4	2007-01-18	杨韬	C3418PB	彩电	北京	¥9,900	22	¥217,800		
5	2007-01-18	杨韬	C3419PD	彩电	保定	¥10,590	20	¥211,800		
6	2007-01-07	邓云洁	C2991E	彩电	北京	¥4,099	30	¥122,970		
7	2007-02-10	王霞	C2992	彩电	秦皇岛	¥4,333	28	¥121,324		
8	2007-01-02	李丽	C2919PV	彩电	北京	¥5,259	20	¥105,180		
9	2007-01-05	王霞	C2919PV	彩电	北京	¥5,259	20	¥105,180		
10	2007-01-14	杨韬	D2523	彩电	天津	¥2,620	40	¥104,800		
11	2007-01-08	李丽	C2992	彩电	北京	¥4,333	21	¥90,993		
12	2007-02-06	杨韬	C2919PK	彩电	塘沽	¥5,300	12	¥63,600		
13	2007-02-05	陈明华	C2919PV	彩电	锦州	¥5,259	12	¥63,108		
14	2007-01-10	王霞	C2588	彩电	沈阳	¥2,856	18	¥51,408		
15	2007-01-12	杨韬	830BK	影碟机	石家庄	¥930	80	¥74,400		
16	2007-01-14	邓云洁	330BK	影碟机	唐山	¥1,220	50	¥61,000		
17	2007-01-31	陈明华	830BK	影碟机	秦皇岛	¥930	48	¥44,640		
18	2007-01-05	杨韬	830BK	影碟机	天津	¥930	40	¥37,200		

销售表源表 ╲ 排序 ╲ 自动筛选 ╲ 高级筛选 ╲ 分类汇总 ╲ Sheet3

图 3-16　排序结果

（6）单击工作表标签切换到"自动筛选"工作表，选择表中包含数据的任一单元格，再单击"数据"选项卡→"排序和筛选"组→"筛选"按钮，则表格每列列名右侧各显示一个下拉按钮。单击"销售员"列的下拉按钮，在打开的下拉列表中选择"杨韬"和"邓云洁"两个选项，如图 3-17 所示。

图 3-17　自动筛选设置

单击"确定"按钮完成设置。再单击"金额"列的下拉按钮，在打开的下拉列表中选择"数字筛选"→"大于"选项，则弹出"自定义自动筛选方式"对话框，具体设置如图 3-18 所示。

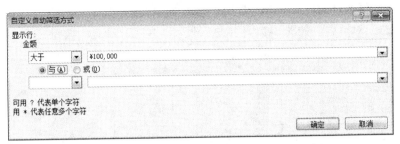

图 3-18　自定义自动筛选

单击"确定"按钮后，筛选结果如图 3-19 所示。

	A	B	C	D	E	F	G	H
1	日期	销售员	产品编号	产品类别	销售城市	单价	数量	金额
5	2007-01-07	邓云洁	C2991E	彩电	北京	¥4,099	30	¥122,970
9	2007-01-14	杨韬	D2523	彩电	天津	¥2,620	40	¥104,800
10	2007-01-18	杨韬	C3419PD	彩电	保定	¥10,590	20	¥211,800
11	2007-01-18	杨韬	C3418PB	彩电	北京	¥9,900	22	¥217,800
16	2007-02-14	邓云洁	C3419PD	彩电	天津	¥10,590	22	¥232,980
18	2007-02-18	邓云洁	C3419PD	彩电	北京	¥10,590	24	¥254,160

销售表源表　排序　自动筛选　高级筛选　分类

图 3-19　自动筛选结果

（7）单击选择"高级筛选"工作表为活动工作表，在以 J1 单元格为起始位置的空白单元格区域内输入筛选条件，然后，选择单元格区域 A1:H18，单击"数据"选项卡→"排序和筛选"组→"高级"按钮，进入"高级筛选"对话框，选择筛选"方式"为"将筛选结果复制到其他位置"，并将需要筛选的列表区域、编辑筛选条件的区域和复制筛选结果的起始位置对应的单元格地址填入对话框相应部分，如图 3-20 所示。

单击"确定"按钮，筛选条件及结果如图 3-21 所示。

图 3-20　高级筛选设置

图 3-21　高级筛选结果

（8）单击选择"分类汇总"工作表为活动工作表，选择表中"销售员"列的任一单元格，单击"数据"选项卡→"排序和筛选"组→"升序"按钮，则表中数据以"销售员"升序进行排列，如图 3-22 所示。

选择单元格区域 A1:H18，单击"数据"选项卡→"分级显示"组→"分类汇总"按钮，弹出"分类汇总"对话框，如图 3-23 所示进行设置，单击"确定"按钮。

	A	B	C	D	E	F	G	H
1	日期	销售员	产品编号	产品类别	销售城市	单价	数量	金额
2	2007-01-31	陈明华	830BK	影碟机	秦皇岛	¥930	48	¥44,640
3	2007-02-05	陈明华	C2919PV	彩电	锦州	¥5,259	12	¥63,108
4	2007-01-07	邓云洁	C2991E	彩电	北京	¥4,099	30	¥122,970
5	2007-01-14	邓云洁	330BK	影碟机	唐山	¥1,220	50	¥61,000
6	2007-02-14	邓云洁	C3419PD	彩电	天津	¥10,590	22	¥232,980
7	2007-02-18	邓云洁	C3419PD	彩电	北京	¥10,590	24	¥254,160
8	2007-01-02	李丽	C2919PV	彩电	北京	¥5,259	20	¥105,180
9	2007-02-14	李丽	C2992	彩电	北京	¥4,333	21	¥90,993
10	2007-01-05	王霞	C2919PV	彩电	北京	¥5,259	20	¥105,180
11	2007-01-10	王霞	C2588	彩电	沈阳	¥2,856	18	¥51,408
12	2007-02-10	王霞	C2992	彩电	秦皇岛	¥4,333	28	¥121,324
13	2007-01-05	杨韬	830BK	影碟机	天津	¥930	40	¥37,200
14	2007-01-12	杨韬	830BK	影碟机	石家庄	¥930	80	¥74,400
15	2007-01-14	杨韬	D2523	彩电	天津	¥2,620	40	¥104,800
16	2007-01-18	杨韬	C3419PD	彩电	保定	¥10,590	20	¥211,800
17	2007-01-18	杨韬	C3418PB	彩电	北京	¥9,900	22	¥217,800
18	2007-02-06	杨韬	C2919PK	彩电	塘沽	¥5,300	12	¥63,600

销售表源表　排序　自动筛选　高级筛选　分类

图 3-22　分类汇总前排序

图 3-23　分类汇总设置

分类汇总结果如图 3-24 所示。

1 2 3		A	B	C	D	E	F	G	H
	1	日期	销售员	产品编号	产品类别	销售城市	单价	数量	金额
	2	2007-01-31	陈明华	830BK	影碟机	秦皇岛	¥930	48	¥44,640
	3	2007-02-05	陈明华	C2919PV	彩电	锦州	¥5,259	12	¥63,108
	4		陈明华 汇总						¥107,748
	5	2007-01-07	邓云洁	C2991E	彩电	北京	¥4,099	30	¥122,970
	6	2007-01-14	邓云洁	330BK	影碟机	唐山	¥1,220	50	¥61,000
	7	2007-02-14	邓云洁	C3419PD	彩电	天津	¥10,590	22	¥232,980
	8	2007-02-18	邓云洁	C3419PD	彩电	北京	¥10,590	24	¥254,160
	9		邓云洁 汇总						¥671,110
	10	2007-01-02	李丽	C2919PV	彩电	北京	¥5,259	20	¥105,180
	11	2007-02-14	李丽	C2992	彩电	北京	¥4,333	21	¥90,993
	12		李丽 汇总						¥196,173
	13	2007-01-05	王霞	C2919PV	彩电	北京	¥5,259	20	¥105,180
	14	2007-01-10	王霞	C2588	彩电	沈阳	¥2,856	18	¥51,408
	15	2007-02-10	王霞	C2992	彩电	秦皇岛	¥4,333	28	¥121,324
	16		王霞 汇总						¥277,912
	17	2007-01-05	杨韬	830BK	影碟机	天津	¥930	40	¥37,200
	18	2007-01-12	杨韬	830BK	影碟机	石家庄	¥930	80	¥74,400
	19	2007-01-14	杨韬	D2523	彩电	天津	¥2,620	40	¥104,800
	20	2007-01-18	杨韬	C3419PD	彩电	保定	¥10,590	20	¥211,800
	21	2007-01-18	杨韬	C3418PB	彩电	北京	¥9,900	22	¥217,800
	22	2007-02-06	杨韬	C2919PK	彩电	塘沽	¥5,300	12	¥63,600
	23		杨韬 汇总						¥709,600
	24		总计						¥1,962,543

销售表源表　排序　自动筛选　高级筛选　分类汇总

图 3-24　分类汇总结果

单击汇总表格左侧的分级显示按钮 2，隐藏所有明细数据，如图 3-25 所示。

然后，单击选择"金额"列中任何一人所在的单元格，再单击"数据"选项卡→"排序和筛选"组→"降序"按钮，则每个人的金额汇总值按降序进行排列，如图 3-26 所示。

1 2 3		A	B	C	D	E	F	G	H
	1	日期	销售员	产品编号	产品类别	销售城市	单价	数量	金额
+	4		陈明华 汇总						¥107,748
+	9		邓云洁 汇总						¥671,110
+	12		李丽 汇总						¥196,173
+	16		王霞 汇总						¥277,912
+	23		杨韬 汇总						¥709,600
−	24		总计						¥1,962,543

图 3-25   分级显示

1 2 3		A	B	C	D	E	F	G	H
	1	日期	销售员	产品编号	产品类别	销售城市	单价	数量	金额
+	8		杨韬 汇总						¥709,600
+	13		邓云洁 汇总						¥671,110
+	17		王霞 汇总						¥277,912
+	20		李丽 汇总						¥196,173
+	23		陈明华 汇总						¥107,748
−	24		总计						¥1,962,543

图 3-26   对分类汇总结果降序排序

3.3   实验三   图表的运用

实验目的：

掌握 Excel 2010 中图表的创建与编辑。

实验内容：

（1）打开工作簿"实验三"，选择"工作量统计"表作为活动工作表，表中数据如图 3-27 所示。

	A	B	C	D	E	F	G	H
1	2016年上半年急诊科护理工作量统计表（部分）							
2	项目	一月	二月	三月	四月	五月	六月	合计
3	I 级护理人数	146	155	122	174	106	134	837
4	门诊输液人数	592	582	456	578	532	520	3260
5	住院输液人数	286	325	374	535	324	277	2121
6	静脉留置人数	23	19	12	17	59	65	195
7	静推人数	126	109	112	151	114	147	759
8	肌肉注射人数	169	178	194	177	155	170	1043
9	经皮	370	307	427	552	283	169	2108
10	封包	389	357	456	580	399	262	2443
11	雾化吸入	147	196	144	152	88	53	780
12	给氧人次	24	25	25	25	31	40	167
13								

图 3-27   工作量统计表

根据表中数据建立簇状柱形图，对每个护理项目进行每月工作量的对比统计。图表的横坐标为月份，纵坐标为工作量，图例为项目名称。纵坐标最大值 600，主要刻度单位 150。为图表选择图表布局 10 和图表样式 34，图表标题为"护理工作量统计"，图表形状样式设置为"彩色轮廓，水绿色，强调颜色 5"。

（2）建立三维饼图，分析 2016 年上半年每个护理项目工作量所占比重。在图表工具的"设计"标签中,选择"图表布局 1",图表标题为"护理工作量分析",文字格式为"隶书,18号,加粗",图表形状样式设置为"细微效果,红色,强调颜色 2"。

实验步骤:

(1)打开工作簿"实验三"的方法同实验二。单击"工作量统计"工作表标签,使之成为活动工作表。选择单元格区域 A2:G12,单击"插入"选项卡→"图表"组→"柱形图"按钮→"二维柱形图"→"簇状柱形图"选项建立图表。单击"图表工具-设计"选项卡→"数据"组→"切换行/列"按钮调换图例。单击"图表工具-设计"选项卡→"图表布局"组→"布局 10"选项,编辑输入图表标题"护理工作量统计"。单击"图表工具-设计"选项卡→"图表样式"组→"样式 34"选项。在"图表工具-格式"选项卡的"形状样式"组里,选择图表形状样式为"彩色轮廓,水绿色,强调颜色 5"。双击图表中垂直轴刻度,弹出"设置坐标轴格式"对话框,进行如图 3-28 所示的设置后,关闭对话框。

图 3-28　设置坐标轴格式

鼠标拖动图表边缘控制点改变图表到适当大小,所得的图表如图 3-29 所示。

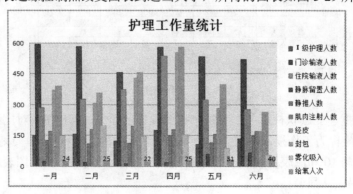

图 3-29　柱形图

（2）选择单元格区域 A2:A12、H2:H12，单击"插入"选项卡→"图表"组→"饼图"按钮→"三维饼图"选项建立图表。单击"图表工具-设计"选项卡→"图表布局"组→"布局 1"选项，编辑输入图表标题"护理工作量分析"，选中标题文字，在"开始"选项卡的"字体"任务组里，设置"字体"、"字号"、"加粗"分别为"隶书，18 号，加粗"。在"图表工具-格式"选项卡的"形状样式"组里，选择图表形状样式为"细微效果，红色，强调颜色 2"。效果如图 3-30 所示。

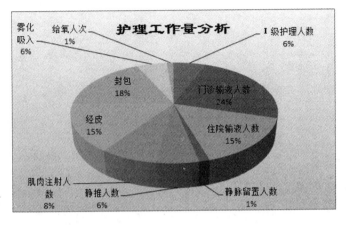

图 3-30　饼图

3.4　实验四　综合应用

实验目的：

Excel 2010 综合应用练习。

实验内容：

（1）打开工作簿文件"实验四"，其中包含 4 张工作表：学生考勤表（如图 3-31 所示）、学生作业表（如图 3-32 所示）、学生成绩表（如图 3-33 所示）和总成绩分析表（如图 3-34 所示）。

	A	B	C	D	E	F	G	H	I
1	学生考勤表								
2	学号	姓名	第1次课	第2次课	第3次课	第4次课	第5次课	考勤分	
3	2015102201	汤雅芬	√	△	√	√	√		
4	2015102202	于浩	√	√	×	√	√		
5	2015102203	于欣悦	√	√	√	√	√		
6	2015102204	葛东阳	√	√	△	×	√		
7	2015102205	姜红畅	√	√	√	√	△		
8	2015102206	索彬	√	√	√	√	△		
9	2015102207	刘轩齐	√	√	√	△	√		
10	2015102208	张馨云	√	×	√	√	√		
11	2015102209	杜翔宇	√	√	△	△	√		
12	2015102210	白玉	√	√	√	√	√		
13	2015102211	林妙可	√	√	√	√	√		
14	2015102212	刘大卫	√	√	√	√	√		
15	2015102213	蔡枭	√	×	√	√	√		
16	2015102214	吴裕泰	√	√	△	√	√		
17	2015102215	宋毅	√	√	√	√	√		

图 3-31　学生考勤表

	A	B	C	D	E	F	G	H	I
1	学生作业表								
2	学号	姓名	作业一	作业二	作业三	作业四	作业五	平均分	
3	2015102201	汤雅芬	80	99	90	75	88		
4	2015102202	于浩	78	98	55	60	99		
5	2015102203	于欣悦	99	83	94	92	86		
6	2015102204	葛东阳	62	71	52	56	63		
7	2015102205	姜红畅	78	70	53	67	64		
8	2015102206	索彬	51	64	71	60	73		
9	2015102207	刘轩齐	69	60	80	51	83		
10	2015102208	张馨云	69	59	70	87	57		
11	2015102209	杜翔宇	80	99	76	94	57		
12	2015102210	白玉	70	89	78	92	87		
13	2015102211	林妙可	90	94	87	96	85		
14	2015102212	刘大卫	64	80	82	70	66		
15	2015102213	蔡袅	66	74	64	62	76		
16	2015102214	吴裕泰	52	67	56	65	60		
17	2015102215	宋毅	56	51	65	96	95		

学生考勤表　学生作业表　学生成绩表　总成绩分析表

图 3-32　学生作业表

	A	B	C	D	E	F	G	H
1	学生成绩表							
2	学号	姓名	考勤（10%）	作业（20%）	期中（20%）	期末（50%）	总评分	评级
3	2015102201	汤雅芬			84	83		
4	2015102202	于浩			89	60		
5	2015102203	于欣悦			95	93		
6	2015102204	葛东阳			51	52		
7	2015102205	姜红畅			52	67		
8	2015102206	索彬			69	58		
9	2015102207	刘轩齐			62	54		
10	2015102208	张馨云			60	75		
11	2015102209	杜翔宇			77	85		
12	2015102210	白玉			85	89		
13	2015102211	林妙可			98	99		
14	2015102212	刘大卫			87	80		
15	2015102213	蔡袅			55	51		
16	2015102214	吴裕泰			71	78		
17	2015102215	宋毅			70	68		

学生考勤表　学生作业表　学生成绩表　总成绩分析表

图 3-33　学生成绩表

	A	B	C	D	E	F	G	H	I
1	总成绩分析表								
2	分数段	人数							
3	90～100								
4	80～89								
5	70～79								
6	60～69								
7	0～59								

学生作业表　学生成绩表　总成绩分析表

图 3-34　总成绩分析表

在"学生考勤表"中，用"√"、"△"、"×"分别表示学生到课、迟到、旷课 3 种情况。每一个"√"得 20 分，每一个"△"得 15 分，"×"不得分，利用公式和函数计算出每个学生的"考勤分"。

（2）计算"学生作业表"中每个学生的作业"平均分"。

（3）计算"学生成绩表"中每个学生的"总评分"。

（4）根据"总评分"计算出每个学生相应的"评级"。

（5）根据"总评分"统计出各个分数段的学生人数。

（6）对各表进行统一格式设置：标题格式为"华文隶书、24 号、合并居中"，除标题外的表格部分格式为"方正姚体、11 号，水平居中、粗匣框线、细内框线"，表格的列名部分为浅绿色底纹，自动调整行高和列宽，设置"期末成绩"不及格的分数显示为红色。

（7）筛选出"期末成绩"不及格的学生，并降序排列。

（8）建立簇状柱形图，显示"总评分"各个分数段的学生人数。图表布局为"布局 9"，图表标题为"总成绩统计图"，垂直坐标轴标题为"人数"，水平坐标轴标题为"分数段"，去掉图例，在图表中以"数据标签外"的形式显示数据标签。

实验步骤：

（1）打开工作簿"实验四"的方法同实验二。单击 "学生考勤表"工作表标签，使之成为活动工作表。选中 H3 单元格后，单击"编辑栏"，在其中输入公式"=COUNTIF(C3:G3, $C$3)*20+COUNTIF(C3:G3,$D$3)*15"，按 Enter 键确认，则根据编辑的公式自动得出第一个学生的"考勤分"。接着用填充柄自动填充 H3 单元格中的公式到单元格区域 H4:H17，即可得出每个学生的"考勤分"，结果如图 3-35 所示。

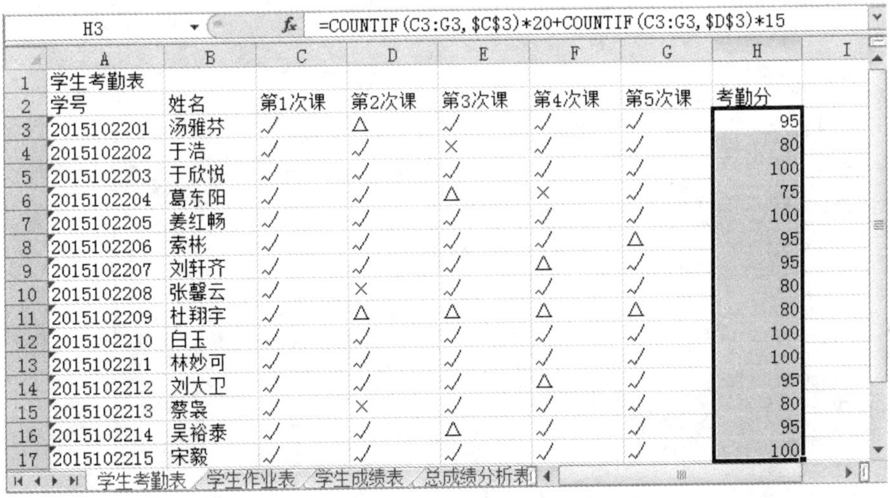

图 3-35　计算"考勤分"

（2）单击"学生作业表"工作表标签，使之成为活动工作表。选中单元格区域 C3:H17，单击"开始"选项卡→"编辑"组→"自动求和"下拉列表→"平均值"选项，则同步算出每个学生的"平均分"。选择单元格区域 H3:H17，单击"开始"选项卡里的"数字"任务组右下角的"对话框启动器"，在弹出的"设置单元格格式"对话框的"数字"选项卡中，选择"数值"分类，并设置"小数位数"为 0，如图 3-36 所示。

单击"确定"按钮，结果如图 3-37 所示。

（3）单击工作表标签，切换到"学生考勤表"，在选中的单元格区域 H3:H17 上单击右键，则会弹出快捷菜单。选择其中的"复制"命令，再切换到"学生成绩表"，右键单击 C3 单元格，在弹出的快捷菜单中选择"粘贴选项"→"值"命令，即可将"学生考勤表"中的学生"考勤分"复制到"学生成绩表"中"考勤（10%）"列的对应位置。

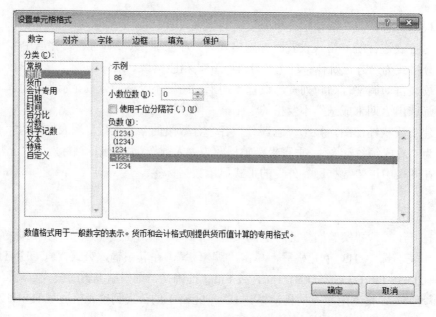

图 3-36　修改"小数位数"

	A	B	C	D	E	F	G	H	I
1	学生作业表								
2	学号	姓名	作业一	作业二	作业三	作业四	作业五	平均分	
3	2015102201	汤雅芬	80	99	90	75	88	86	
4	2015102202	于浩	78	98	55	60	99	78	
5	2015102203	于欣悦	99	83	94	92	86	91	
6	2015102204	葛东阳	62	71	52	56	63	61	
7	2015102205	姜红畅	78	70	53	67	64	66	
8	2015102206	索彬	51	64	71	60	73	64	
9	2015102207	刘轩齐	69	60	80	51	83	69	
10	2015102208	张馨云	69	59	70	87	57	68	
11	2015102209	杜翔宇	80	99	76	94	57	81	
12	2015102210	白玉	70	89	78	92	87	83	
13	2015102211	林妙可	90	94	87	96	85	90	
14	2015102212	刘大卫	64	80	82	70	66	72	
15	2015102213	蔡枭	66	74	64	62	76	68	
16	2015102214	吴裕泰	52	67	56	65	60	60	
17	2015102215	宋毅	56	51	65	96	95	73	

H3 　 =AVERAGE(C3:G3)

学生考勤表　学生作业表　学生成绩表　总成绩分析表

图 3-37　计算"平均分"

使用相同的方法,将"学生作业表"中的每个学生的"平均分"复制到"学生成绩表"中"作业(20%)"列的对应位置,并保留 0 位小数。

选择 G3 单元格,在其中输入公式"=C3*0.1+D3*0.2+E3*0.2+F3*0.5"后,按 Enter 键确认,则根据编辑的公式自动得出第一个学生的"总评分"。接着用填充柄自动填充 G3 单元格中的公式到单元格区域 G4:G17,即可得出每个学生的"总评分",同样设置成保留 0 位小数,结果如图 3-38 所示。

(4)选择 H3 单元格后,单击"编辑栏",在其中输入公式"=IF(G3>=90,"优秀",IF(G3>=80,"良好",IF(G3>=70,"中等",IF(G3>=60,"及格","不及格"))))",按 Enter 键确认,则根据编辑的公式自动得出第一个学生的"评级"。接着用填充柄自动填充 H3 单元格中的公式到单元格区域 H4:H17,即可得出每个学生的"评级",结果如图 3-39 所示。

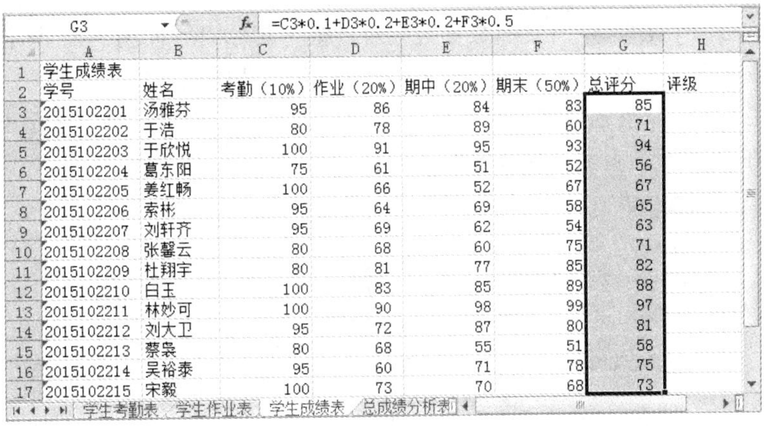

G3 =C3*0.1+D3*0.2+E3*0.2+F3*0.5

	A	B	C	D	E	F	G	H
1	学生成绩表							
2	学号	姓名	考勤（10%）	作业（20%）	期中（20%）	期末（50%）	总评分	评级
3	2015102201	汤雅芬	95	86	84	83	85	
4	2015102202	于浩	80	78	89	60	71	
5	2015102203	于欣悦	100	91	95	93	94	
6	2015102204	葛东阳	75	61	51	52	56	
7	2015102205	姜红畅	100	66	52	67	67	
8	2015102206	索彬	95	64	69	58	65	
9	2015102207	刘轩齐	95	69	62	54	63	
10	2015102208	张馨云	80	68	60	75	71	
11	2015102209	杜翔宇	80	81	77	85	82	
12	2015102210	白玉	100	83	85	89	88	
13	2015102211	林妙可	100	90	98	99	97	
14	2015102212	刘大卫	95	72	87	80	81	
15	2015102213	蔡袅	80	68	55	51	58	
16	2015102214	吴裕泰	95	60	71	78	75	
17	2015102215	宋毅	100	73	70	68	73	

学生考勤表 学生作业表 学生成绩表 总成绩分析表

图 3-38　计算“总评分”

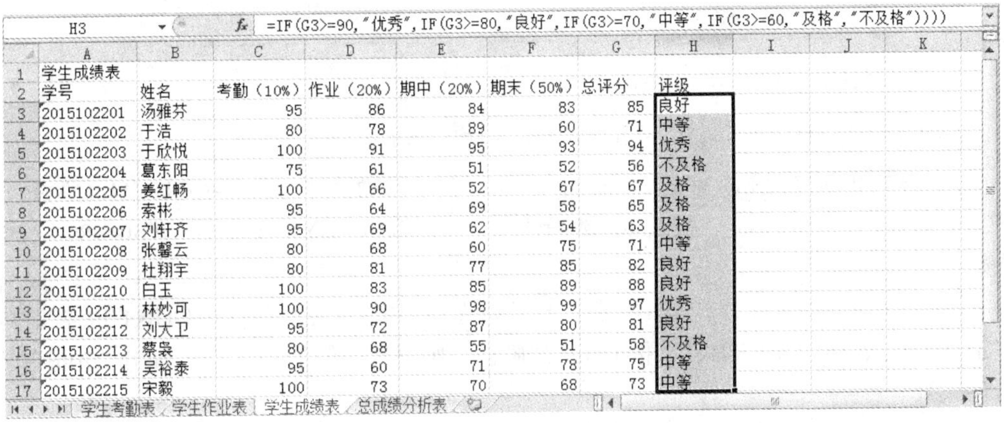

H3 =IF(G3>=90,"优秀",IF(G3>=80,"良好",IF(G3>=70,"中等",IF(G3>=60,"及格","不及格"))))

	A	B	C	D	E	F	G	H
1	学生成绩表							
2	学号	姓名	考勤（10%）	作业（20%）	期中（20%）	期末（50%）	总评分	评级
3	2015102201	汤雅芬	95	86	84	83	85	良好
4	2015102202	于浩	80	78	89	60	71	中等
5	2015102203	于欣悦	100	91	95	93	94	优秀
6	2015102204	葛东阳	75	61	51	52	56	不及格
7	2015102205	姜红畅	100	66	52	67	67	及格
8	2015102206	索彬	95	64	69	58	65	及格
9	2015102207	刘轩齐	95	69	62	54	63	及格
10	2015102208	张馨云	80	68	60	75	71	中等
11	2015102209	杜翔宇	80	81	77	85	82	良好
12	2015102210	白玉	100	83	85	89	88	良好
13	2015102211	林妙可	100	90	98	99	97	优秀
14	2015102212	刘大卫	95	72	87	80	81	良好
15	2015102213	蔡袅	80	68	55	51	58	不及格
16	2015102214	吴裕泰	95	60	71	78	75	中等
17	2015102215	宋毅	100	73	70	68	73	中等

学生考勤表 学生作业表 学生成绩表 总成绩分析表

图 3-39　计算“评级”

（5）单击工作表标签，切换到“总成绩分析表”，选择 B3 单元格，单击“编辑栏”左侧的“插入函数”按钮，弹出如图 3-40 所示的对话框，选择函数 COUNTIF。

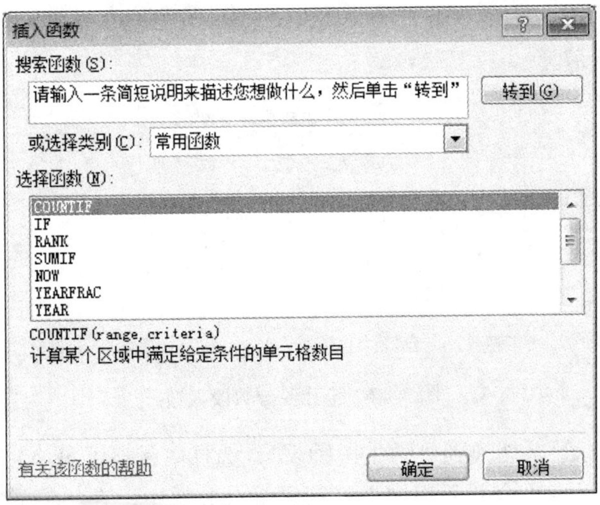

图 3-40　插入 COUNTIF 函数

单击"确定"按钮后，弹出"函数参数"对话框，具体设置如图 3-41 所示。其中，设置参数 Range 时，需要绝对引用非活动工作表"学生成绩表"中的数据。一种方法是切换到"学生成绩表"，通过鼠标拖拽选择指定单元格区域来填充参数；而另一种方法是不切换工作表，直接通过键盘在对话框中输入参数。

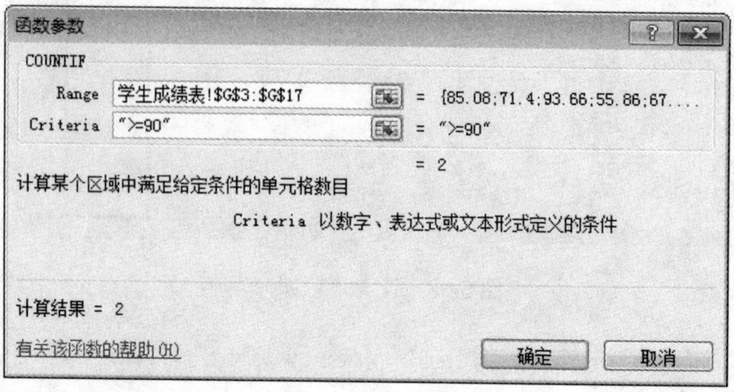

图 3-41　COUNTIF 函数参数设置

单击"确定"按钮后，得出"90～100 分数段"的人数。

选择 B4 单元格后，单击"编辑栏"，在其中输入公式" =COUNTIF(学生成绩表!$G$3:$G$17,">=80")-B3"，按 Enter 键确认，则根据编辑的公式自动得出"80～89"分数段的人数。

选择 B5 单元格后，单击"编辑栏"，在其中输入公式" =COUNTIF(学生成绩表!$G$3:$G$17,">=70")-B3-B4"，按 Enter 键确认，则根据编辑的公式自动得出"70～79"分数段的人数。

选择 B6 单元格后，单击"编辑栏"，在其中输入公式" =COUNTIF(学生成绩表!$G$3:$G$17,">=60")-B3-B4-B5"，按 Enter 键确认，则根据编辑的公式自动得出"60～69"分数段的人数。

选择 B7 单元格后，单击"编辑栏"，在其中输入公式"=COUNTIF(学生成绩表!$G$3:$G$17,"<60")"，按 Enter 键确认，则根据编辑的公式自动得出"0～59"分数段的人数。

结果如图 3-42 所示。

图 3-42　统计各分数段人数

（6）单击工作表标签，切换到"学生考勤表"，选择单元格区域 A1:H1，单击"开始"选项卡→"对齐方式"组→"合并后居中"按钮进行合并居中，在"开始"选项卡的"字体"任务组里，设置"字体"、"字号"分别为"华文隶书"、"24 号"。

选择单元格区域A2:H17，在"开始"选项卡的"字体"任务组里，设置"字体"为"方正姚体"，单击"开始"选项卡→"对齐方式"组→"居中"按钮设置水平居中，单击"开始"选项卡→"字体"组→"边框"下拉列表→"所有框线"选项，再单击"开始"选项卡→"字体"组→"边框"下拉列表→"粗匣框线"选项，绘制表格边框。

选择单元格区域A2:H2，单击"开始"选项卡→"字体"组→"填充颜色"下拉列表→"标准色"→"浅绿"选项，设置底纹。

分别双击行标题间的横线、列标题间的竖线来自动调整表格的行高和列宽。

效果如图3-43所示。

图3-43 "学生考勤表"格式设置

使用相同的方法，对其他表进行以上设置。

单击工作表标签，切换到"学生成绩表"，选择单元格区域F3:F17，单击"开始"选项卡→"样式"组→"条件格式"下拉列表→"突出显示单元格规则"→"小于"选项后，弹出"小于"对话框，具体设置如图3-44所示。

图3-44 "小于"对话框

单击"确定"按钮后，得到如图3-45所示的效果。

（7）选择"学生成绩表"中任一包含数据的单元格，再单击"数据"选项卡→"排序和筛选"组→"筛选"按钮，则表格每列列名右侧各显示一个下拉按钮，单击"期末（50%）"列的下拉按钮，在打开的下拉列表中选择"数字筛选"→"小于"选项，则弹出"自定义自动筛选方式"对话框，具体设置如图3-46所示。

学号	姓名	考勤（10%）	作业（20%）	期中（20%）	期末（50%）	总评分	评级
2015102201	温雅芬	95	86	84	83	85	良好
2015102202	于洁	80	78	89	60	71	中等
2015102203	于欣悦	100	91	95	93	94	优秀
2015102204	葛东阳	75	61	51	52	56	不及格
2015102205	姜红畅	100	66	52	67	67	及格
2015102206	索彬	95	64	69	58	65	及格
2015102207	刘轩齐	95	69	62	54	63	及格
2015102208	张馨云	80	68	60	75	71	中等
2015102209	杜翔宇	80	81	77	85	82	良好
2015102210	白玉	100	83	85	89	88	良好
2015102211	林妙可	100	90	98	99	97	优秀
2015102212	刘大卫	95	72	87	80	81	良好
2015102213	蔡景	80	68	55	51	58	不及格
2015102214	吴怡泰	95	60	71	78	75	中等
2015102215	宋毅	100	73	70	68	73	中等

学生考勤表　学生作业表　学生成绩表　总成绩分析表

图 3-45　"条件格式"设置

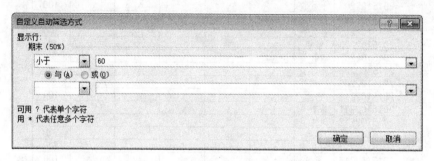

图 3-46　"自定义自动筛选方式"对话框

单击"确定"按钮后，筛选结果如图 3-47 所示。

学号	姓名	考勤（10%）	作业（20%）	期中（20%）	期末（50%）	总评分	评级
2015102204	葛东阳	75	61	51	52	56	不及格
2015102206	索彬	95	64	69	58	65	及格
2015102207	刘轩齐	95	69	62	54	63	及格
2015102213	蔡景	80	68	55	51	58	不及格

学生考勤表　学生作业表　学生成绩表　总成绩分析表

图 3-47　筛选结果

选择"期末（50%）"列的任一单元格，单击"数据"选项卡→"排序和筛选"组→"降序"按钮，可以对筛选结果进行排序，效果如图 3-48 所示。

学号	姓名	考勤（10%）	作业（20%）	期中（20%）	期末（50%）	总评分	评级
2015102206	索彬	95	64	69	58	65	及格
2015102207	刘轩齐	95	69	62	54	63	及格
2015102204	葛东阳	75	61	51	52	56	不及格
2015102213	蔡景	80	68	55	51	58	不及格

学生考勤表　学生作业表　学生成绩表　总成绩分析表

图 3-48　筛选后排序

（8）单击"总成绩分析表"工作表标签，使之成为活动工作表。选择单元格区域 A2:B7，单击"插入"选项卡→"图表"组→"柱形图"按钮→"二维柱形图"→"簇状柱形图"选项建立图表。单击"图表工具-设计"选项卡→"图表布局"组→"布局 9"选项，编辑输入图表标题"总成绩统计图"、垂直坐标轴标题"人数"、水平坐标轴标题"分数段"。单击"图表工具-布局"选项卡→"标签"组→"图例"下拉列表→"无"选项，关闭图例。单击"图表工具-布局"选项卡→"标签"组→"数据标签"下拉列表→"数据标签外"选项，使图表中显示数据标签，效果如图 3-49 所示。

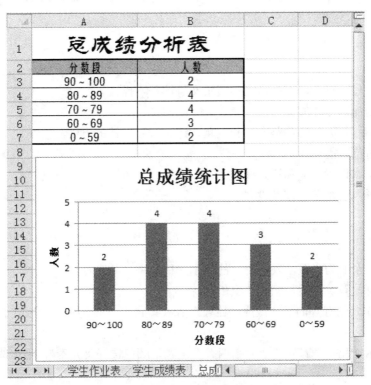

图 3-49　建立和编辑图表

第 4 章　演示文稿制作软件 PowerPoint 2010

4.1　实验一　演示文稿的基本操作

实验目的：

（1）掌握新建、打开、保存、关闭演示文稿的基本操作。

（2）掌握增加幻灯片的方法。

（3）掌握幻灯片版式的调整方法和主题设计、背景设计的方法。

（4）掌握占位符的操作。

（5）掌握文本设置格式和样式操作。

（6）掌握插入艺术字操作及设置。

实验内容：

（1）新建一个名为"医学发展史"的演示文稿。

（2）在幻灯片首页之后，新建 5 页幻灯片。

（3）将第 3 张幻灯片的版式改成"比较"版式，将第 5 张幻灯片的版式改成"标题和竖排文字"。

（4）将演示文稿主题设置为"龙腾四海"主题，颜色选择"元素"，字体选择"沉稳方正姚体"。

（5）设置第 6 张幻灯片的背景为用"图片或纹理填充"，纹理选择"鱼类化石"。

（6）选择第 1 张幻灯片的标题占位符，输入"医学发展史"，加粗 60 号字，副标题占位符中输入"——文化之旅"，设置为黄色 36 号字，并将副标题移动到合适位置。

（7）在第 2 张幻灯片的标题占位符中输入"医学概念"，内容占位符中输入"医学是处理人健康定义中人的生理处于良好状态相关问题的一种科学，是以治疗预防生理疾病和提高人体生理机体健康为目的。"，将文字设置为"首行缩进"，1.5 倍行距。在第 3 张幻灯片标题中输入"医学分类"，内容中分别输入"现代医学"、"传统医学"。在第 4 张幻灯片标题中输入"研究领域"，内容中输入"基础医学、临床医学、法医学、检验医学、预防医学、保健医学、康复医学等"，并调整占位符大小。在第 5 张幻灯片标题中输入"医学起源"，内容中输入"：①救护、求食的本能行为。②生活经验创造了医学。③医、巫的合与分。④轴心时代中、西医学的峰巅之作。"设置段落间距为双倍行距，字号为 28 号字，调整占位大小及位置到合适位置。

（8）选择第 4 张幻灯片，设置内容占位符的样式为"细微效果–灰色–50%，强调颜色 6"，形状效果为"全映像，接触"。

（9）在第 6 张幻灯片中删除占位符，并插入艺术字"希望你成为一名好医生！"，艺术字样式选择"渐变填充-蓝-灰，强调文字颜色 4，映像"，文本填充选择红色，文本效果选择"转换-弯曲-正三角"形式。

（10）保存文件，并放映幻灯片。

实验步骤：

（1）打开 PowerPoint 2010，文件默认建立了一个"演示文稿 1"。单击"文件"选项卡，选择"保存"命令，打开"另存为"对话框，在对话框中输入文件的保存位置和文件名"医学发展史"，保存类型选择"PowerPoint 演示文稿"，单击"保存"按钮。

（2）在"幻灯片选项区"的"幻灯片"选项卡中，将鼠标定位在幻灯片首页之后，按 5 次键盘上的"Enter"键，会新建立 5 张版式为"标题与内容"的幻灯片，如图 4-1 所示。

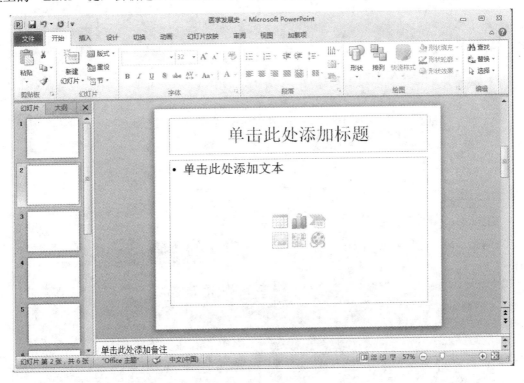

图 4-1

（3）选定第 3 张幻灯片，执行"开始"→"幻灯片"→"版式"命令，在下拉列表中选择"比较"，如图 4-2 所示。选定第 5 张幻灯片，执行"开始"→"幻灯片"→"版式"命令，在下拉列表中选择"标题和竖排文字"即可。

（4）执行"设计"→"主题"→"其他"命令，在下拉列表中选择"龙腾四海"主题，颜色选择"元素"（倒数第 5 个），字体选择"沉稳，方正姚体"（第 9 个），即可设置当前主题，如图 4-3 所示。

（5）选定第 6 张幻灯片，执行"设计"→"背景"→"背景样式"→"设置背景格式"命令，在弹出的"设置背景格式"对话框中选择填充标签中的"图片或纹理填充"，单击"纹理"后面的按钮，在下拉列表框中选择"鱼类化石"（第2行第2个）选项，即可设置背景，如图4-4所示。

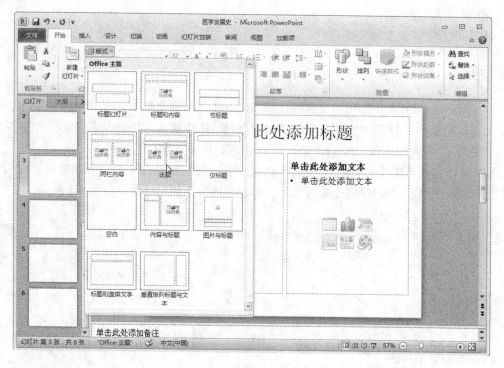

图 4-2

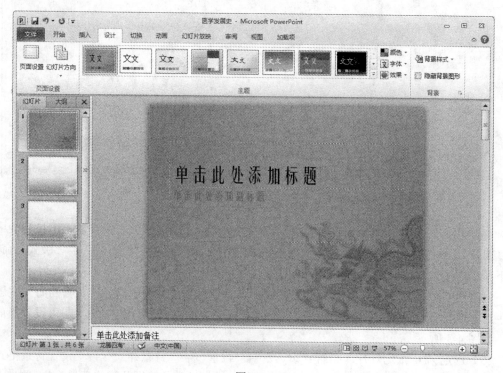

图 4-3

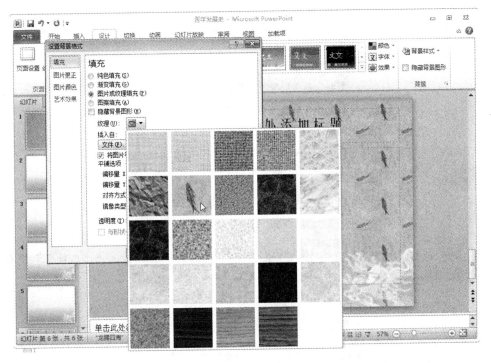

图 4-4

（6）选定第 1 张幻灯片，单击标题占位符并输入"医学发展史"，在"开始"选项卡"字体"选项组中设置字体为"加粗 60 号字"，单击副标题占位符，输入"——文化之旅"，在"字体"选项组中设置为"黄色 36 号字"，并将副标题移动到底纹图案上方合适位置，如图 4-5 所示。

图 4-5

（7）在第 2 张幻灯片的标题占位符中输入"医学概念"，内容占位符中输入"医学是处理人健康定义中人的生理处于良好状态相关问题的一种科学，是以治疗预防生理疾病和提高人体生理机体健康为目的。"在"开始"→"段落"选项组中，单击"窗口生成器"按钮，打开"段落设置"对话框，设置为"首行缩进"，1.5 倍行距，效果如图 4-6 所示。

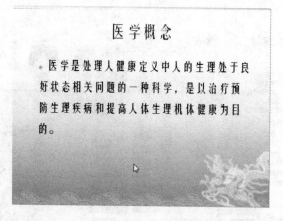

图 4-6

选定第 3 张幻灯片，在标题中输入"医学分类"，内容中分别输入"现代医学"、"传统医学"，效果如图 4-7。

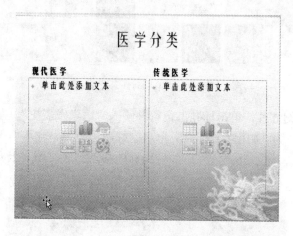

图 4-7

选定第 4 张幻灯片，在标题中输入"研究领域"，内容中输入"基础医学、临床医学、法医学、检验医学、预防医学、保健医学、康复医学等"，调整占位符大小，效果如图 4-8 所示。

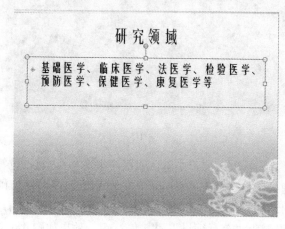

图 4-8

选定第 5 张幻灯片,在标题中输入"医学起源",内容中输入":①救护、求食的本能行为。②生活经验创造了医学。③医、巫的合与分。④轴心时代中、西医学的峰巅之作。",符号"①"可以通过"插入"→"符号"→"符号"命令输入,在"开始"→"段落"窗口生成器中设置段落间距为双倍行距,"开始"→"字体"选项组中设置字号为 28 号字,调整占位大小及位置到合适位置,如图 4-9 所示。

图 4-9

(8) 选择第 4 张幻灯片,选择内容占位符,执行"格式"→"形状样式"→"其他",在下拉列表框中选择"细微效果-灰色-50%,强调颜色 6"样式(第 4 行最后一个),在"格式"→"形状样式"→"形状效果"中选择"映像"中的"全映像,接触"效果,如图 4-10 所示。

图 4-10

(9) 选择第 6 张幻灯片,选中占位符,按键盘上的 Delete 键进行删除。执行"插入"→"文本"→"艺术字"命令,在下拉列表中选择"渐变填充-蓝-灰,强调文字颜色 4,映像"样式,并输入文字"希望你成为一名好医生!"。选中该艺术字,在"格式"→"艺术字样式"→"文本填充"中选择红色,在"文本效果"选择"转换"→"弯曲"→"正三角"形式,然后调整艺术字高度,如图 4-11 所示。

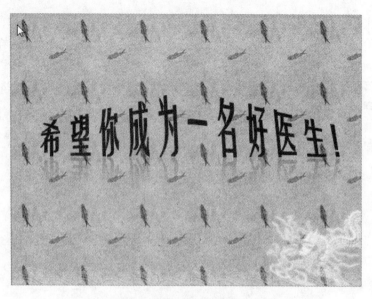

图 4-11

（10）单击"快速工具栏"上的保存文件按钮保存该文件，按键盘上的 F5 键开始放映幻灯片。

4.2　实验二　幻灯片设置操作

实验目的：

（1）掌握通过主题建立演示文稿的方法。
（2）掌握幻灯片页面设置和页面页脚设置的方法。
（3）掌握幻灯片的插入图像操作。
（4）掌握幻灯片的插入形状方法。
（5）插入动画的操作。
（6）插入切换效果。
（7）掌握幻灯片放映中从头开始放映的方法。

实验内容：

（1）通过"暗香扑面"主题建立一个名为"中国现代医学奠基人"的演示文稿。
（2）在演示文稿中增加 7 张幻灯片，版式均为"两栏内容"。
（3）在第 1 张幻灯片标题处输入"中国现代医学奠基人"加粗显示，在副标题处输入"简介"，字体设为蓝色加粗，并调整位置。
（4）在第 2 张幻灯片标题处输入"伍连德：中国现代医学第一人"，在左侧内容栏中输入"公共卫生学家，中国检疫、防疫事业的先驱。1910 年末，东北肺鼠疫大流行，他受任全权总医官，深入疫区领导防治。1911 年，他主持召开了万国鼠疫研究会议。在他竭力提倡和推动下，中国收回了海港检疫的主权。他先后主持兴办检疫所、医院、研究所共 20 所，还创办了哈尔滨医学专门学校（哈尔滨医科大学前身）。他与颜福庆等发起建立中华医学会，并创刊《中华医学杂志》。在世界上第一次提出"肺鼠疫"概念。1960 年 1 月 21 日，伍连德因心脏病逝世，终年 81 岁。1 月 27 日的《泰晤士报》称伍连德是"流行病的英勇斗士"。在右侧的内容栏内插入图片"伍连德.jpg"。其他各页幻灯片根据素材 Word 文件"中国现代医学奠基人"和所给的图片文件进行文字和图片填充。

（5）请为第 2 张和第 3 张幻灯片中人物图像上方装饰 3 颗金星，样式选择"强烈效果，金色，强调颜色 6"，其中有 1 颗星旋转 18 度。

（6）对第 4 张幻灯片中的图像裁剪成椭圆形，图片边框设置为 1 磅蓝色，图片效果设置为"十字形棱台"。

（7）对第 5 张幻灯片中的内容文字加"旋转进入"动画效果，对图片加"翻转式由远及近进入"动画效果。对第 6 张幻灯片的内容加更多强调效果"细微型画笔颜色"动画效果，并将画笔颜色设为绿色。将图片设置动作路径"形状"动画效果，并给动画添加"风铃"声音。

（8）对第 7 张幻灯片设置"垂直百叶窗"切换效果，对第 8 张幻灯片设置"从右下部涟漪"切换效果。

（9）保存该演示文稿，并从头开始放映。

实验步骤：

（1）打开 PowerPoint 2010 软件，文件默认建立了一个"演示文稿 1"，单击"文件"选项卡，选择"新建"命令，在展开的窗口中，选择"主题"选项，在展开的窗口中找到"暗香扑面"主题，单击"创建"按钮，创建了一个名为"演示文稿 2"的文件，然后选择"保存"命令，打开"另存为"对话框，在对话框中输入文件的保存位置和文件名"中国现代医学奠基人"，保存类型选择"PowerPoint 演示文稿"，单击"保存"按钮即可。

（2）在"幻灯片选项区"的"幻灯片"选项卡中，将鼠标定位在幻灯片首页之后，按键盘上的 Enter 键 7 次，会新建立 7 张版式为"标题与内容"的幻灯片，选定新建的 7 张幻灯片，单击执行"开始"→"幻灯片"→"版式"命令，在下拉列表中选择"两栏内容"版式，7 张幻灯片同时更改版式。

（3）选定第 1 张幻灯片，单击标题占位符并输入"中国现代医学奠基人"，在"开始"选项卡"字体"选项组中设置字体加粗，单击副标题占位符，输入"简介"，在"字体"选项组中设置为蓝色，并将副标题移动到合适位置。

（4）选定第 2 张幻灯片，单击标题占位符并输入"伍连德：中国现代医学第一人"，在左侧内容栏中输入"公共卫生学家…"。适当调整文字大小和位置，在右侧的内容栏内选择"插入"→"图像"→"图片"命令，在打开的对话框中选择素材文件的位置，选择素材图片"伍连德.jpg"，单击"打开"按钮即可插入图片，调整图片大小和位置即可，如图 4-12 所示。其他幻灯片中文字内容，可以打开素材文件的 Word 文档"中国现代医学奠基人.docx"，复制文字内容粘贴到幻灯片标题和左侧内容位置，图片内容按上述方法插入即可。

（5）选择第 2 张幻灯片，执行"插入"→"插图"→"形状"命令，在下拉列表框中选择"星与旗帜"项中的"十字星"或"五角星"选项，在图片适当位置进行拖动形成星型，如图 4-13 所示。

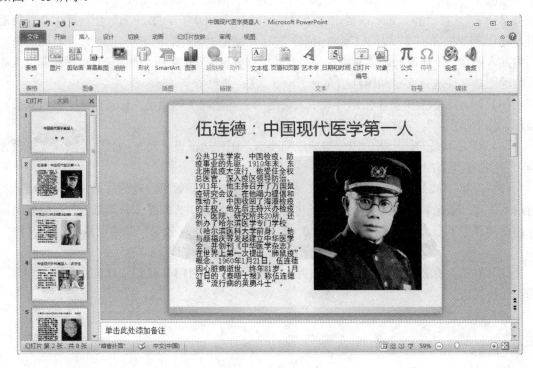

图 4-12

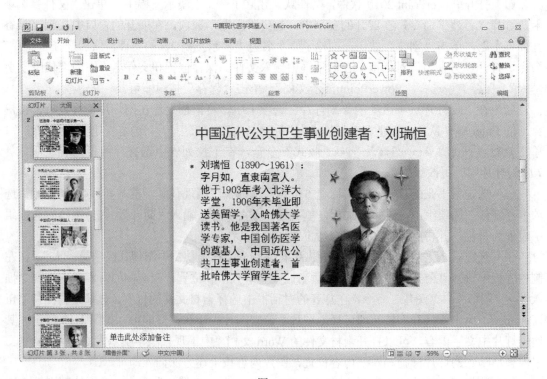

图 4-13

选择"十字星"图形，执行"格式"→"形状样式"→"其他"命令，在打开的下拉列表框中选择"强烈效果，金色，强调颜色6"样式，如图4-14所示。

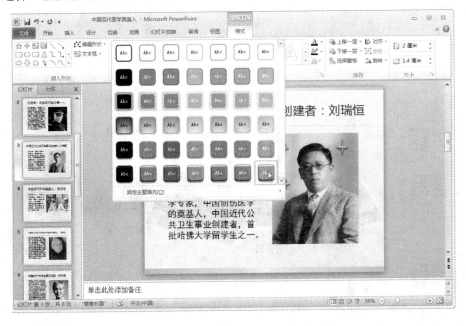

图4-14

再选择另一颗"五角星"，执行"格式"→"排列"→"旋转"→"其他旋转选项"命令，在打开的设置形状格式对话框，旋转选项处改为"18"度，如图4-15所示。

图4-15

（6）选定第4张幻灯片中的图像，执行"格式"→"大小"→"裁剪"→"裁剪成形状"命令，在下拉列表框中选择"基本形状"中的"椭圆"即可。选中被裁剪的图片，执行"格式"→"图片样式"→"图片边框"→"粗细"命令，选择边框线为1磅，再选择蓝色即可。选中该图像，执行"格式"→"图片样式"→"图片效果"→"棱台"命令，选择"十字形"，效果图4-16所示。

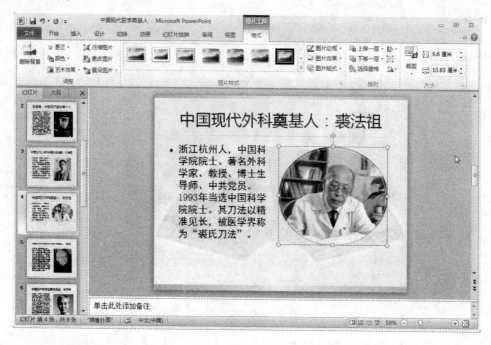

图 4-16

（7）选定第 5 张幻灯片中的内容文字，执行"动画"→"动画"→"其他"命令，在下拉列表中选择"进入"选项下的"旋转"动画效果。选中图片执行"动画"→"动画"→"其他"命令，在下拉列表中选择"进入"选项下的"翻转式由远及近"动画效果，如图 4-17 所示。

图 4-17

选定第 6 张幻灯片的内容，"动画"→"动画"→"其他"→"更多强调效果"命令，在弹出的对话框中选择"细微型"→"画笔颜色"动画效果，然后执行"动画"→"动画"→"效果选项"，将画笔颜色设为绿色，如图 4-18 所示。

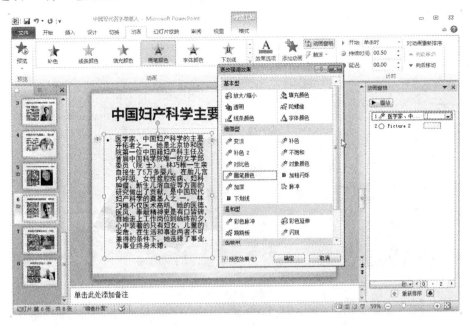

图 4-18

选定该幻灯片中的图片，执行"动画"→"动画"→"其他"命令，在下拉列表框中选择"动作路径"→"形状"动画效果，并执行"动画"→"高级动画"→"动画窗格"命令，打开动画窗格，在"动画窗格"中选择下拉按钮，选择"效果选项"，打开"圆形扩展"对话框，在"声音"选项处选择"风铃"声音，单击"确定"按钮即可，如图 4-19 所示。

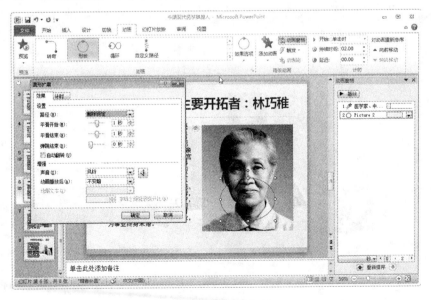

图 4-19

（8）执行"视图"→"演示文稿视图"→"幻灯片浏览"命令，将幻灯片切换到"幻灯片浏览"视图，选中第7张幻灯片，执行"切换"→"切换到此幻灯片"→"华丽型"→"百叶窗"命令，并执行"切换"→"切换到此幻灯片"→"效果选项"，选择"垂直"切换效果，如图4-20所示。

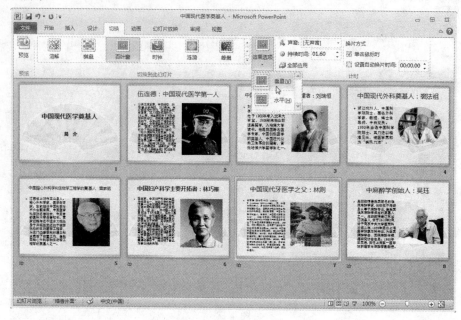

图 4-20

选择第8张幻灯片，执行"切换"→"切换到此幻灯片"→"华丽型"→"涟漪"命令，并执行"切换"→"切换到此幻灯片"→"效果选项"，选择"从右下部"切换效果，如图4-21所示。

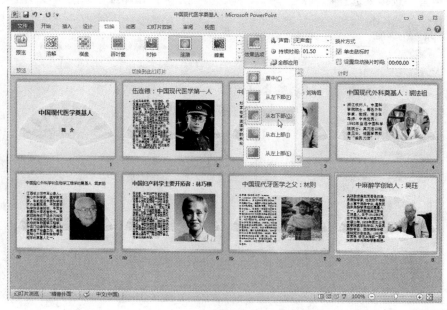

图 4-21

（9）单击"快速工具栏"上的保存文件按钮保存该文件，执行"幻灯片放映"→"开始放映幻灯片"→"从头开始"命令，从头开始放映幻灯片。

4.3　实验三　演示文稿的综合应用

实验目的：

（1）掌握插入 SmartArt 图像、音频、视频的方法。

（2）掌握幻灯片的动画设计的方法。

（3）掌握幻灯片的切换设计。

（4）掌握幻灯片链接操作。

（5）掌握幻灯片母版设计操作。

（6）掌握幻灯片的放映及设置。

（7）掌握幻灯片的排练计时。

实验内容：

（1）新建一个名为"锦州新十佳景观"的演示文稿。增加 5 张幻灯片，并将演示文稿设置为"气流"主题。

（2）在第 1 张幻灯片标题位置输入"锦州新十佳景观"，副标题处输入"中国•锦州"；在第 2 张幻灯片标题位置输入"笔架天桥见奇观"，插入图片"笔架山.jpg"；在第 3 张幻灯片标题位置输入"观音洞天纳佳境"，插入图片"观音洞.jpg"；在第 4 张幻灯片标题位置输入"宜州大佛结善缘"，插入图片"宜州大佛.jpg"。并在各标题前加红色雪花项目符号。

（3）在幻灯片母版的标题和内容模板中，插入剪贴画"信息"图标。

（4）在第 1 张幻灯片中插入音频文件"漂洋过海来看你"，并设置全程播放。

（5）在第 6 张幻灯片中插入视频文件"中国人"。

（6）设置幻灯片的宽为 25 厘米，高为 19 厘米，幻灯片起始编号为 0，设置显示幻灯片编号，页脚为"我的第二故乡"，标题幻灯片中不显示。

（7）在第 5 张幻灯片中插入锦州市组织结构图，锦州市包括：凌河区、古塔区、太和区、经济技术开发区、北镇市、凌海市、黑山县、义县。

（8）对第 4 张幻灯片中的标题文字设置超链接，链接到最后一张幻灯片，在第 6 张幻灯片中，插入一个按钮，单击按钮可以直接跳到第 1 张幻灯片。

（9）新建"自定义放映 1"，播放 0、1、3、5 号幻灯片，放映方式使用"观众自行浏览（窗口）"，循环放映"自定义放映 1"，使用排练时间。

（10）保存文件，创建视频"锦州新十佳景观.wmv"，并进行播放。

实验步骤：

（1）打开 PowerPoint 2010 软件，文件默认建立了一个"演示文稿 1"，单击"文件"选项卡，选择"保存"命令，打开"另存为"对话框，在对话框中输入文件的保存位置和文件名"锦州新十佳景观"，保存类型选择"PowerPoint 演示文稿"，单击"保存"按钮即可。在"幻

灯片选项区"的"幻灯片"选项卡中,将鼠标定位在幻灯片首页之后,按 5 次键盘上的 Enter
键,会新建立 5 张版式为"标题与内容"的幻灯片。执行"设计"→"主题"→"其他"命
令,在下拉列表框中选择"气流"主题应用于所有幻灯片。

(2) 在第 1 张幻灯片标题位置输入"锦州新十佳景观",副标题处输入"中国●锦州",在
第 2 张幻灯片标题位置输入"笔架天桥见奇观",执行"插入"→"图像"→"图片"命令,
找到素材文件位置,插入图片"笔架山.jpg";在第 3 张幻灯片标题位置输入"观音洞天纳佳
境",插入图片"观音洞.jpg";在第 4 张幻灯片标题位置输入"宜州大佛结善缘",插入图片
"宜州大佛.jpg"。选择标题占位符,将光标定位在文字前,执行"开始"→"段落"→"项目
符号"→"项目符号和编号"命令,单击"自定"按钮后打开"符号"窗口,如图 4-22 所示。
选择*号,选择红色,确定即可,插入后效果如图 4-23 所示。

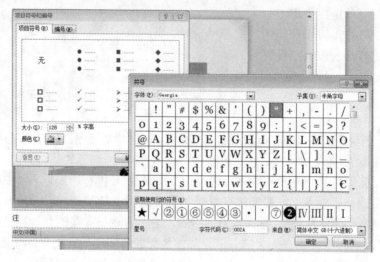

图 4-22

图 4-23

（3）执行"视图"→"母版视图"→"幻灯片母版"命令，打开幻灯片母版，执行"插入"→"图像"→"剪贴画"命令，打开"剪贴画"窗口。在"搜索文字"窗口中输入"信息"，选择第一个剪贴画插入幻灯片母版的标题和内容模板中，并调整位置，如图 4-24 所示。关闭幻灯片母版视图，除标题幻灯片外其他幻灯片都会有绿色信息标志。

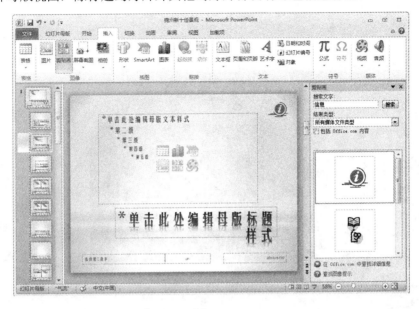

图 4-24

（4）选择第 1 张幻灯片，执行"插入"→"媒体"→"音频"→"文件中的音频"命令，在打开的"插入音频"对话框中选择素材文件位置，选择文件"漂洋过海来看你.mp3"文件进行插入。选中小喇叭图标，执行"播放"→"音频选项"命令，选择"跨幻灯片播放"和"循环播放，直到停止"选项进行全程播放，如图 4-25 所示。

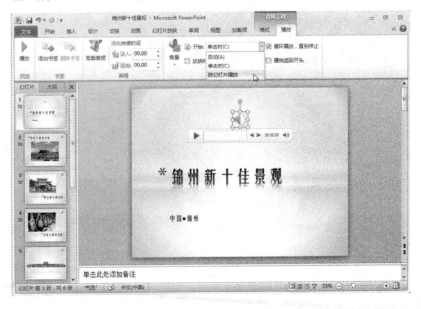

图 4-25

（5）在第6张幻灯片中插入视频文件"中国人"。

选择第 6 张幻灯片，执行"插入"→"媒体"→"视频"→"文件中的视频"命令，在打开的"插入视频"对话框中选择素材文件位置，选择文件"中国人.wmv"文件进行插入，如图 4-26 所示。

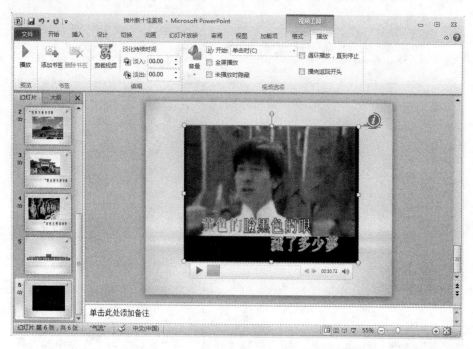

图 4-26

（6）执行"设计"→"页面设置"→"页面设置"命令，在打开的对话框中设置幻灯片的宽为 25 厘米，高为 19 厘米，幻灯片起始编号为 0，单击确定即可。执行"插入"→"文本"→"页面和页脚"命令，在对话框中设置显示幻灯片编号，页脚为"我的第二故乡"，勾选"标题幻灯片中不显示"，单击"全部应用"按钮，如图 4-27 所示。

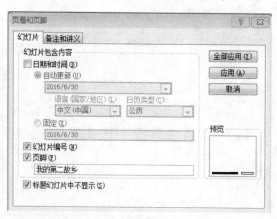

图 4-27

（7）选定第 5 张幻灯片，执行"插入"→"插图"→"SmartArt"命令，在弹出的对话框中选择"层次结构"中的"组织结构图",选中该图形,打开"SmartArt 工具"的"设计"选项卡,通过"添加形状"命令增加分支,并输入区域文本,如图 4-28 所示。选中该图形,执行"SmartArt 工具"的"设计"→"SmartArt 样式"→"其他"命令,选择"三维"中的"卡通"样式。

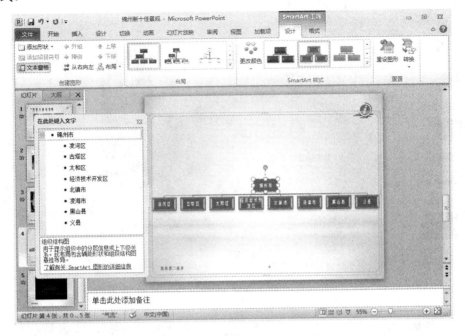

图 4-28

(8) 选定第 4 张幻灯片中的标题文字,执行"插入"→"链接"→"超链接"命令,在对话框中选择"本文档中的位置",在小窗口中选择"最后一张幻灯片",如图 4-29 所示。

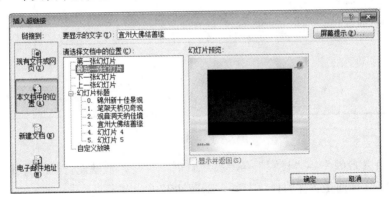

图 4-29

选择第 6 张幻灯片,执行"插入"→"插图"→"形状"命令,在"动作按钮"中选择一个按钮插入,在弹出的"动作设置"对话框中设置链接到第 1 张幻灯片,如图 4-30 所示。

(9) 执行"幻灯片放映"→"开始放映幻灯片"→"自定义幻灯片放映"命令,打开"自定义放映"对话框,选择"新建"命令,打开"定义自定义放映"对话框,将名称设置为"自定义放映 1",将 0、1、3、5 号幻灯片添加到右侧窗格,单击确定"按钮",如图 4-31 所示。

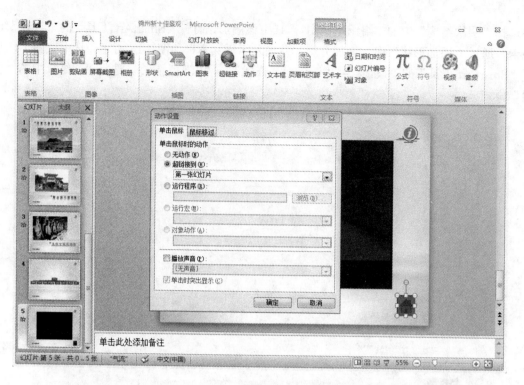

图 4-30

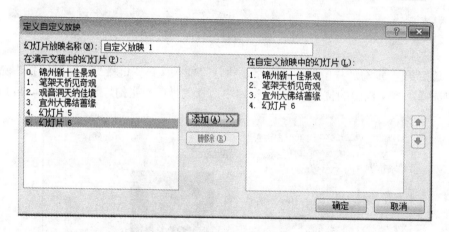

图 4-31

执行"幻灯片放映"→"设置"→"排练计时"命令，放映幻灯片进行排练计时，排练好后，PowerPoint 询问是否保留排练时间，如图 4-32 所示。

图 4-32

排练计时后，每个幻灯片播放的秒数都会进行显示，如图4-33所示。

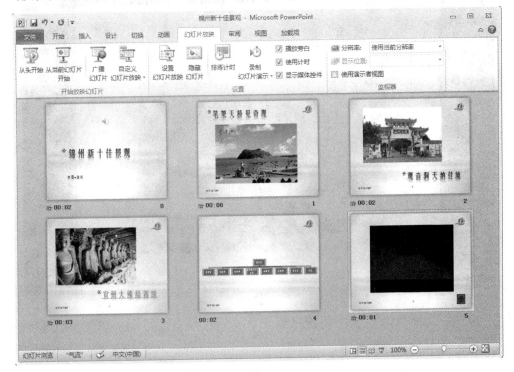

图 4-33

执行"幻灯片放映"→"设置"→"设置幻灯片放映"命令，在打开"设置放映方式"对话框中设置放映类型为"观众自行浏览（窗口）"，"循环放映"，"自定义放映1"，使用排练时间，如图4-34所示。

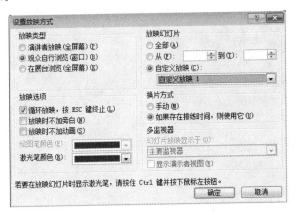

图 4-34

（10）单击"快速工具栏"上的保存文件按钮保存该文件，执行"文件"→"保存并发送"→"创建视频"命令，单击"创建视频"按钮，输入文件名"锦州新十佳景观.wmv"创建视频，找到该视频文件双击即可播放，如图4-35所示。注：在第6张幻灯片中插入的视频文件较大，创建视频时可以删除它以节省时间。

图 4-35

第 5 章 计算机网络基础与 Internet 应用

5.1 实验一 IP 设置及网络测试

实验目的：

查看网络设置信息，理解其中的含义，掌握设置和修改 TCP/IP 参数的方法，通过网络命令，了解运行系统网络状态，掌握测试网络的方法。

实验内容：

（1）了解本机上网方式、所在局域网拓扑结构。

（2）查看并记录本机的网络设置参数，记录本机的 TCP/IP 参数、IP 地址、子网掩码、默认网关、DNS 服务器、网卡地址等。

（3）使用 DOS 命令，查看本机的网络设置参数，记录本机的 TCP/IP 参数，IP 地址、子网掩码、默认网关、DNS 服务器、网卡地址等。

（4）使用 DOS 命令，显示该网站下所有的 IP 地址，测试本机是否连接到网络上。

实验步骤：

（1）教师介绍本校校园网络的拓扑及入网方式，学生记录本机所在局域网的拓扑结构、采用的有线传输介质——双绞线。

（2）单击“开始”→“控制面板”→“网络和 Internet”→“查看网络状态和任务”→“本地连接”，打开“本地连接状态”对话框可以查看本地连接的状态，如图 5-1 所示。单击“详细信息”按钮，可以查看本机的 IPv4 地址、子网掩码、默认网关、DNS 服务器等，单击“关闭”按钮，如图 5-2 所示。

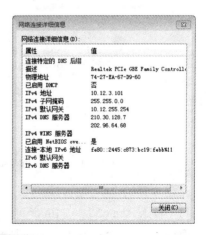

图 5-1 “本地连接状态”对话框　　　　图 5-2 “网络连接详细信息”对话框

单击"属性"按钮，打开"本地连接属性"对话框，如图 5-3 所示。单击"网络"选项卡，选择"Internet 协议版本 4（TCP/IPv4）"，单击"属性"按钮，打开"Internet 协议版本 4（TCP/IPv4）属性"对话框，查看并记录获得 IP 地址方式、IP 地址、子网掩码、默认网关、DNS 服务器地址等，单击"确定"按钮，反回上一窗口，单击"关闭"按钮，返回上一窗口，单击"关闭"按钮，如图 5-4 所示。

图 5-3 "本地连接属性"对话框

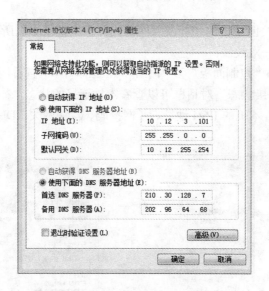

图 5-4 "Internet 协议版本 4 属性"对话框

（3）单击"开始"→"所有程序"→"附件"→"命令提示符"，打开"管理员:命令提示符"窗口，输入"cd c:\"，按 Enter 键，将当前目录返回 C 盘根目录下，如图 5-5 所示；输入"ipconfig/all"，按 Enter 键，查看本地网卡地址及 IP 地址等信息，如图 5-6 所示。

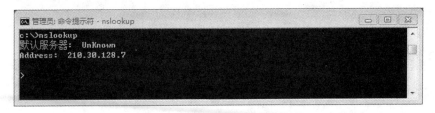

图 5-5 "命令提示符"窗口

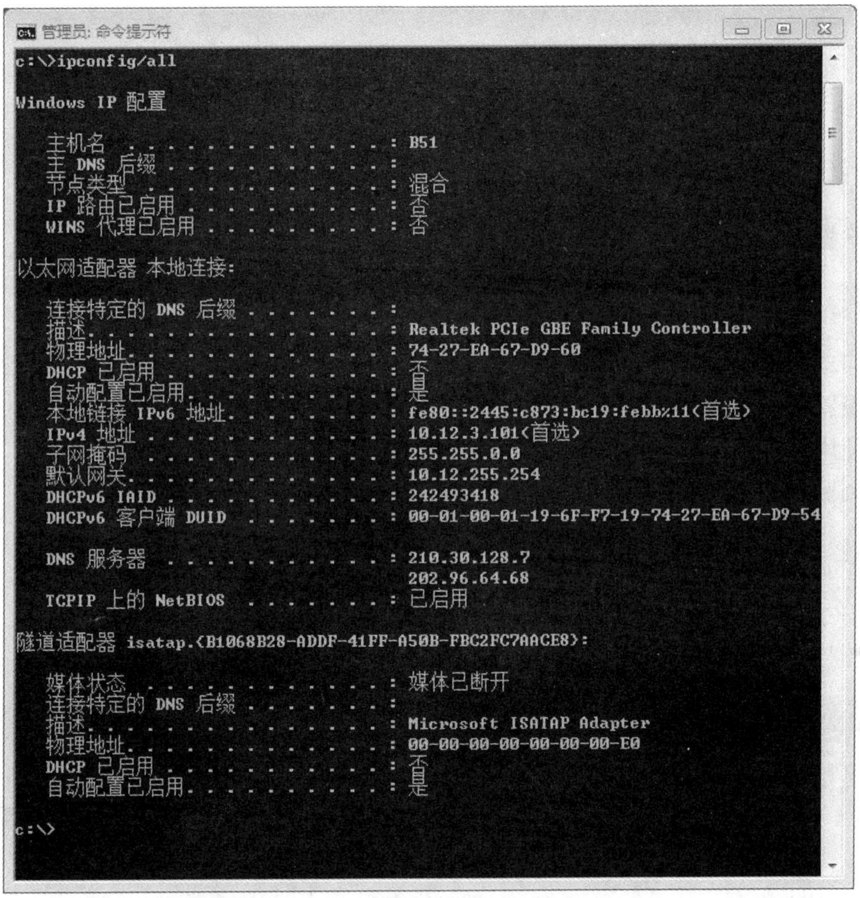

图 5-6 ipconfig 命令执行结果

（4）在"命令提示符"窗口输入"nslookup"，按 Enter 键，如图 5-7 所示；输入"ping 112.84.105.38"（360 导航的 IP 地址），如图 5-8 所示。

图 5-7 nslookup 命令执行结果

图 5-8　ping 112.84.105.38 执行结果

5.2　实验二　浏览器使用及设置

实验目的：

　　熟练掌握浏览器的使用方法，浏览网页，保存、收藏、管理网页。

实验内容：

　　（1）启动浏览器。
　　（2）设置浏览器。
　　（3）使用超链接浏览网页。
　　（4）浏览相关专业信息，搜索相关专业网站，收藏相关网站地址。

实验步骤：

　　（1）启动 IE 浏览器。双击桌面图标"Internet Explorer"，打开 IE 浏览器窗口，如图 5-9 所示。

图 5-9　IE 浏览器窗口

（2）IE 浏览器设置。打开浏览器，即可上网，也可以设置自己方便的形式。

① 设置起始主页。单击"工具"→"Internet 选项"，打开"Internet 选项"对话框，选择"常规"选项卡，"主页"框中输入"www.lnmu.edu.cn"，或单击"使用当前页"，如图 5-10 所示。

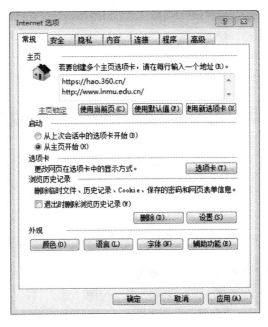

图 5-10 "常规"选项卡

② 设置安全级别。在"Internet 选项"对话框，选择"安全"选项卡，分别选择"Internet"、"本地 Internet"、"受信任的站点"、"受限制的站点"，单击"默认级别"，调节滑块位置，设置安全级别为中-高、中-低、中、高，如图 5-11 所示。

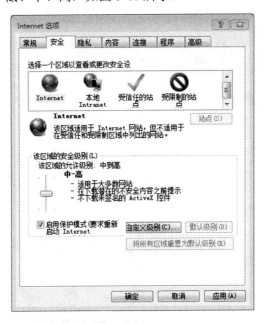

图 5-11 "安全"选项卡

（3）超链接。单击超级链接（鼠标指针变形为手形的文字、图片、LOGO、区域等），或者在地址栏输入"http://www.people.com.cn/"，打开人民网首页，浏览相关内容，如图 5-12 所示。

图 5-12　人民网首页

（4）收藏网页。单击"收藏夹"→"添加到收藏夹栏"，当前网页即添加到收藏夹栏，如图 5-13 所示；或选择"添加收藏夹"，打开"添加收藏"对话框，修改名称，选择位置，单击"添加"按钮，如图 5-14 所示。

图 5-13　收藏夹栏

图 5-14　"添加收藏"对话框

（5）整理收藏夹。单击"收藏夹"→"整理收藏夹"，打开"整理收藏夹"窗口，建立文件夹，将收藏的网页，分类管理，单击"关闭"按钮，如图 5-15 所示。

图 5-15 "整理收藏夹"窗口

（6）保存网页。单击"文件"→"另存为"，打开"保存网页"对话框，选择保存文件夹，修改文件名和保存类型，单击"保存"按钮，如图 5-16 所示。

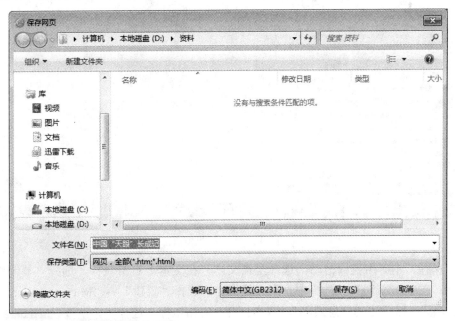

图 5-16 "保存网页"对话框

5.3　实验三　搜索引擎使用及收集信息

实验目的:

使用搜索引擎,收集相关信息并保存。

实验内容:

(1)搜索信息。
(2)保存文本。收集相关专业信息的文本,并保存到本机。
(3)保存图片。收集相关专业信息的图片,并保存到本机。

实验步骤:

(1)搜索信息。利用主页的搜索引擎,或打开专门的搜索引擎网站,如 www.baidu.com,输入"医学生的信息素养",选择"网页",单击"百度一下"按钮,如图 5-17 所示;单击选中项,打开链接的网页,如图 5-18 所示。

图 5-17　搜索结果窗口

(2)保存文本。用鼠标拖动,选择全篇文本,在文本上右击鼠标,选择"复制",如图 5-19 所示;在"D:\资料"文件夹中,空白处右击,选择"新建"→"Microsoft Word 文档",修改文件名为"医学生的信息素养",双击打开,右击鼠标,选择"粘贴",如图 5-19 所示,关闭保存 Word 文档(图 5-20)。

图 5-18　链接的网页

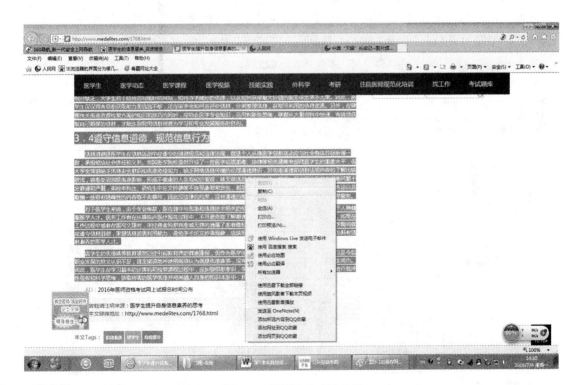

图 5-19　网页上文本的复制

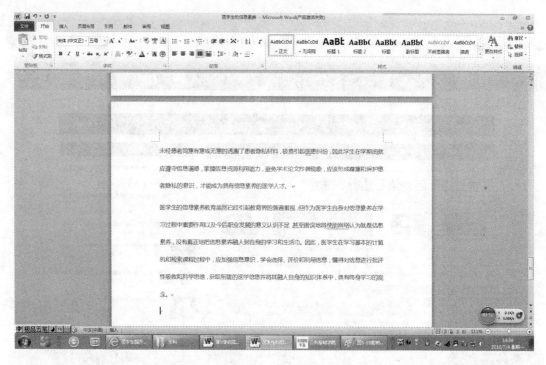

图 5-20　保存文档

（3）保存图片。在图 5-17 中，单击"图片"，在选中的图片上，右击鼠标，如图 5-21 所示。选择"图片另存为"，打开"保存图片"对话框，选择"D:\资料"文件夹，修改文件名为"picture"，类型为 JPEG，单击"保存"按钮，如图 5-22 所示。

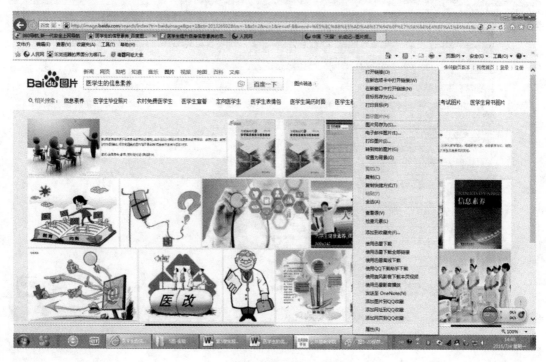

图 5-21　"图片另存为"

图 5-22　"保存图片"窗口

5.4　实验四　邮箱申请及收发邮件

实验目的:

申请电子邮箱,熟练掌握收发电子邮件。

实验内容:

(1)申请电子邮箱。

(2)发送电子邮件。将前面收集的资料,用邮件的形式发送给同学。

(3)接收邮件。查看邮件,下载、保存资料。

实验步骤:

(1)申请 QQ 邮箱。登录腾讯首页 www.qq.com,单击超链接"邮箱",登录 mail.qq.com 网页,单击"注册新账号",登录 QQ 注册网页,输入各项信息,单击立即注册,如图 5-23 所示。

(2)发送电子邮件。登录 QQ 邮箱,单击"写信",在"收件人"栏输入收件人邮箱地址;单击"添加抄送",在抄送栏输入多个收件人邮箱地址;在主题栏输入邮件标题"医学生的信息素养";单击"添加附件",打开"打开"对话框,选择文件,单击"打开"按钮,选中的文件作为附件自动添加;单击"发送"按钮,如图 5-24 所示。

图 5-23　QQ 注册网页

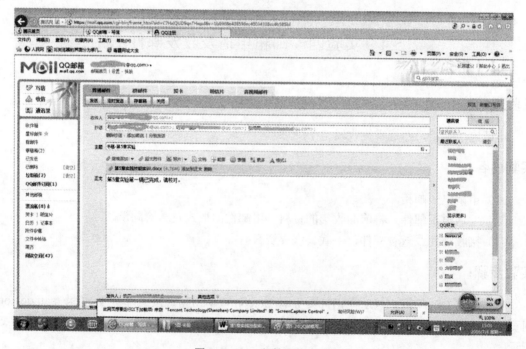

图 5-24　QQ 邮箱写信窗口

（3）接收邮件。单击"收信"按钮，或单击"收件箱"，双击要查看的邮件，即可打开邮件。可以查看发件人地址、时间、收件人、附件等，如图 5-25 所示；单击附件的"下载"→"保存"→"另存为"，打开"另存为"对话框，选择保存文件夹，单击"保存"按钮，如图 5-26 所示。

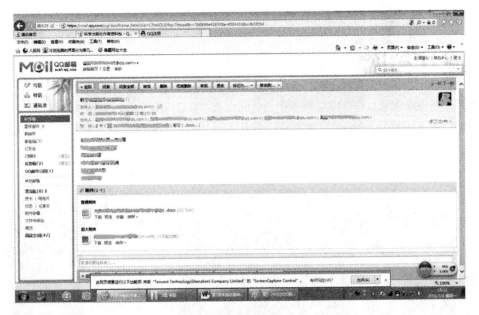

图 5-25　QQ 邮箱收件窗口

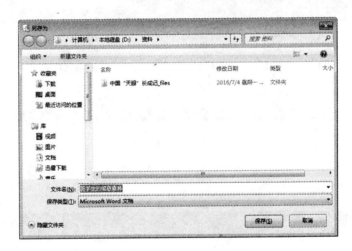

图 5-26　"另存为"对话框

5.5　实验五　云盘使用及上传下载文件

实验目的：

掌握 360 云盘上传、下载文件的方法。

实验内容：

（1）注册 360 账号。登录 360 云盘首页，注册 360 账号。

（2）登录 360 云盘。

（3）360 云盘上传文件。

（4）文件分享。

（5）360 云盘下载文件。

实验步骤：

（1）注册 360 账号。在百度搜索 360 云盘网页版，登录 360 云盘，如图 5-27 所示。单击"新账号注册"，输入手机号、验证码、校验码、密码、确认密码，单击"马上注册"，如图 5-28 所示。

图 5-27　360 云盘

图 5-28　注册 360 云盘

（2）登录 360 云盘。注册之后，进入 360 云盘空间，如图 5-29 所示。

图 5-29　360 云盘空间

（3）从 360 云盘上传文件。单击"上传"，打开"上传文件到 360 云盘"对话框，如图 5-30 所示。单击"添加文件"→"添加文件夹"，打开"浏览文件夹"对话框，选择文件夹"D:\资料"，如图 5-31 所示，单击"确定"，返回上一窗口，再单击"完成"按钮。

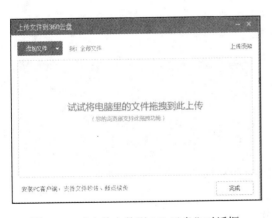

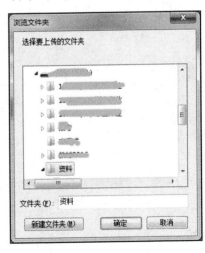

图 5-30　"上传文件到 360 云盘"对话框　　　　图 5-31　"浏览文件夹"对话框

（4）文件分享。选择文件夹"资料"，单击"分享"，打开"分享：文件夹'资料'"对话框，单击"复制链接和提取码"，链接和提取码为"https://yunpan.cn/cBL7j7tiYK5Yt（提取码：2f4e)"，如图 5-32 所示，单击"完成"按钮。

图 5-32　"分享：文件夹"资料""对话框

（5）360 云盘下载文件。在浏览器地址栏，输入"https://yunpan.cn/cBL7j7tiYK5Yt"，打开"请输入提取码"窗口，输入"2f4e"，单击"提取文件"按钮，打开"360 云盘-云盘分享"窗口，如图 5-33 所示；单击"下载"按钮，打开"新建下载任务"对话框，选择下载位置，如图 5-34，单击"下载"按钮。

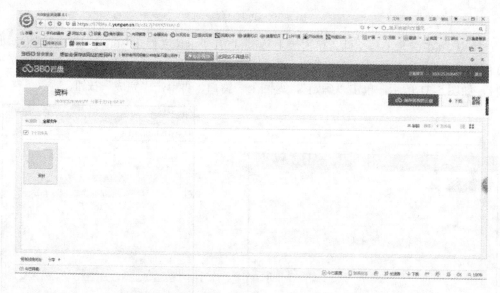

图 5-33　"360 云盘-云盘分享"窗口

图 5-34　"新建下载任务"对话框

5.6 实验六 Dreamweaver 管理网站

实验目的：

掌握 Dreamweaver 建立、管理网站的方法。

实验内容：

（1）收集资料。把网站中需要的图片、网页文件、音乐文件、Flash 动画等分类管理，存储在一个文件夹"资料"中。

（2）设置站点存储位置。需要一个本地的根目录，以确定存放所有站点文件。

（3）建立站点。

（4）建立站点子文件夹。在已建好的网站中，还需要建立一些子文件夹，归类存入网站中的图像、网页、动画、模板等。

（5）建立网页新文件。主页是浏览网站后显示的第一个页面，主页文件必不可少。

（6）管理已有站点。对于已建立的站点，可通过"站点管理"进行管理，包括编辑、复制、删除、打开站点等。

实验步骤：

（1）收集资料。将前面收集的资料，整理、加工、修改等，分类保存好。

（2）设置站点存储位置。

在桌面双击"计算机"→"本地磁盘(D:)"，在右窗格中的空白处右击，选择"新建"→"文件夹"，输入"class01"，如图 5-35 所示。

图 5-35 "本地磁盘(D:)"窗口

（3）建立站点。

① 单击"开始"→"所有程序"→"Adobe"→"Adobe Dreamweaver CS5"，启动 Dreamweaver CS5，如图 5-36 所示。

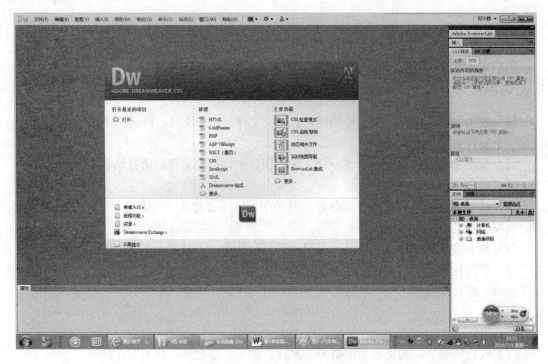

图 5-36　启动 Dreamweaver CS5

② 单击"站点"→"管理站点"，打开"管理站点"对话框，如图 5-37 所示。

图 5-37　"管理站点"对话框

③ 单击"新建"按钮，打开"站点设置对象未命名站点 2"对话框，输入站点名称"班级 1601"，如图 5-38 所示。输入本地站点文件夹"D:/class1601"，或单击"浏览文件夹"按钮，打开"选择根文件夹"对话框，选择"class1601"，单击"打开"按钮，单击"选择"按钮，如图 5-39 所示。

④ 返回"站点设置对象班级 1601"对话框，单击"保存"按钮，返回"管理站点"对话框，单击"完成"按钮。

图 5-38 "站点设置对象班级 1601"对话框

图 5-39 "选择根文件夹"对话框

（4）建立站点子文件夹。

在"文件面板"中选择"站点-班级 1601"，右击鼠标，选择"新建文件夹"，输入文件夹名"Image"（存放图像文件），同样建立文件夹"Html"（存放非首页的其他网页）、"Swf"（存放 Flash 动画）、"Music"（存放音乐文件），如图 5-40 所示。

（5）建立网页新文件。

通常，主页文件命名为 index.htm 或者 default.htm。其他网页文件放在指定的子文件夹中，便于管理。主页文件必须放在本地站点根目录下，文件名最好全部使用英文小写。

① 在文件面板中，选择"站点-班级 1601"，右击鼠标，选择"新建文件"，输入文件名"index.html"。

② 选择"Html"文件夹，右击鼠标，选择"新建文件"，输入文件名"zhuanye"（专业学习），建立网页 zhuanye.html。

③ 同样建立网页 banji.html（班级记事）、kecheng.html（课程设置）、jigou.html（组织机构）等，如图 5-41 所示。

图 5-40 建立站点子文件夹结果

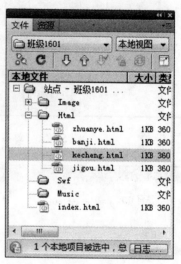

图 5-41 建立网页新文件结果

（6）管理已有站点。

① 打开站点。

方法一：启动 Dreamweaver CS5，单击"站点"→"管理站点"，打开"管理站点"对话框，选择站点，单击"完成"按钮。

方法二：在文件面板，打开下拉列表，选择站点"班级 1601"，即可打开相应站点。

② 管理站点。单击"站点"→"管理站点"，打开"管理站点"对话框，选择站点，选择相应的按钮，即可进行相应的编辑、复制、删除等管理工作。

5.7 实验七 Dreamweaver 设计网页

实验目的：

掌握 Dreamweaver 制作网页的方法。

实验内容：

制作"1601 风采"的网页。

（1）制作网页标题。网页标题展示网页的名称及网站类型，可以是文本，也可以是图像。

（2）添加水平分割线。对网页整体进行区域划分。

（3）设置导航栏。导航栏用于与其他网页链接，从而轻松地进入下一个页面。导航可以使用文字，也可以使用图像。本例使用文字制作导航，使用表格布局导航栏。

（4）设置网页内容。网页内容由文字与图像两部分组成。

（5）设置超链接。超级链接建立网页之间的联系，通过超级链接，整个 Internet 成为一个整体。

（6）设置页面属性。页面属性包括页面标题、网页背景图像与颜色、文本与超级链接颜色、页边距等。

（7）保存网页。制作网页的过程中，随时保存正在编辑的网页，以避免由于意外而导致的页面丢失。

（8）浏览网页。网页制作完成后，可以在浏览器中预览，并根据预览效果对网页进行调整。

实验步骤：

1. 制作网页标题

（1）打开网页。启动 Dreamweaver CS5，在文档窗口，单击"站点"→"管理站点"，打开"管理站点"对话框，选择班级 1601 站点，单击"完成"按钮。在文件面板，双击 index.html，打开首页文件，如图 5-42 所示。

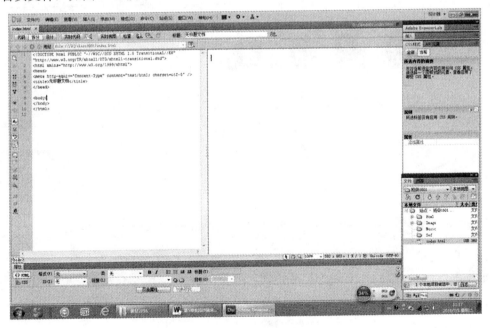

图 5-42　index.html 文档窗口

（2）添加标题图像。在插入面板中，单击"常用"→"图像"，打开"选择图像源文件"对话框，选择图片文件，如图 5-43 所示。单击"确定"按钮，插入完成。标题图像处于选中状态，在属性面板中设置其属性，宽度 1000，高度 170，如图 5-44 所示。

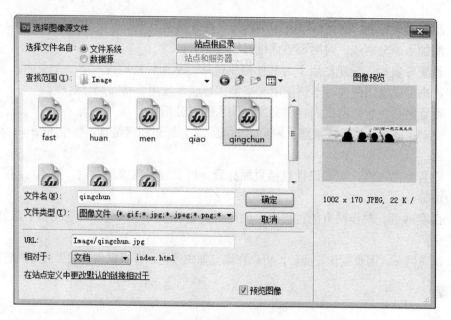

图 5-43　"选择图像源文件"对话框

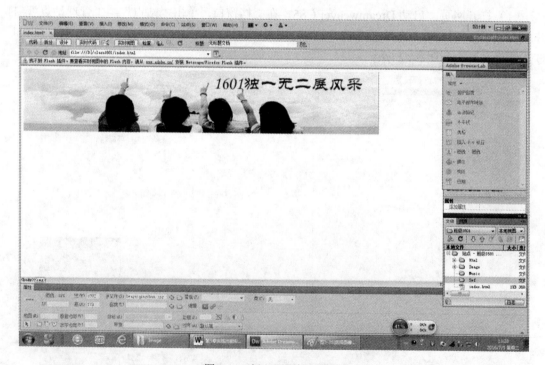

图 5-44　插入网页标题图像

2. 添加水平分割线

光标移到需要插入水平分隔线的位置,在插入面板中,单击"常用"→"水平线",插入完成,水平分隔线处于选中状态。在属性面板设置其属性,选择单位"像素",输入宽度 1000,高度 5,对齐选择左对齐,勾选"阴影",如图 5-45 所示。

图 5-45　水平分隔线及属性面板的设置

注意：分隔线的宽度与高度的单位可以为"像素"，即直接输入数值；也可以为"%"，即设置分隔线与浏览器打开窗口的百分比。

垂直分隔线：插入的分隔线都是水平的。改变分隔的高度和宽度，使之变为垂直分隔线。

对齐方式：默认、左对齐、居中对齐、右对齐。对齐功能在分隔线宽度小于浏览器窗口的宽度时有效。

3. 设置导航栏

将光标移到需要插入导航栏的位置，在插入面板中，单击"常用"→"表格"，打开"表格"对话框，设置行数为 7，列数为 1，宽度为 200，单位为像素，如图 5-46 所示。插入完成，表格处于选中状态，拖动控制点，可以调整表格的大小；在属性面板中，输入填充"10"，边框"5"。

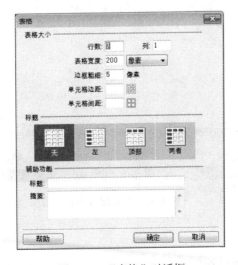

图 5-46　"表格"对话框

单击表格第一单元格，输入文字"班级风采"，选中文字，在属性面板中设置粗体，水平"居中对齐"。同样在下面单元格，输入文字"课程设置"、"专业介绍"、"组织机构"等，如图 5-47 所示。

图 5-47　"导航栏"设置及其属性面板

选中表格，在属性面板中，单击"背景颜色"，在颜色盘中选择颜色，更改背景颜色，水平"居中对齐"，整体更改表格属性的设置，如图 5-48 所示。

图 5-48　表格属性设置

4. 设置网页内容

（1）设置文字区域并添加文件。在插入面板中，单击"布局"→"绘制 AP Div"，在页面中，将光标移到需要的位置，按下左键，拖动出一个矩形区域，描绘层处于选中状态，拖动控制点，可以调整层的大小；光标放在边缘线上，光标变形为"十字"箭头，拖动鼠标可以移动层的位置。在层内，输入文字"1601 属于临床医学专业，2016 年 9 月入校，共 32 人，我们来自五湖四海，撑成一片独一无二的蓝天，放飞梦想，扬帆出海。我们是一家人。"。选中层区域，在属性面板，设置层区域位置，设置背景颜色，如图 5-49 所示。

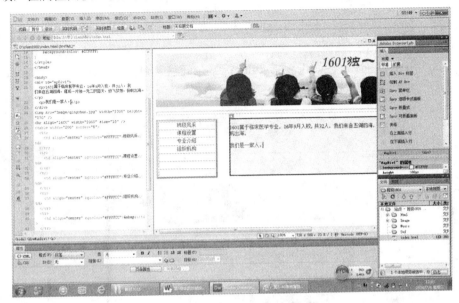

图 5-49　文字层的添加结果

（2）设置图像区域。在属性面板，单击浏览，设置背景图像。

5. 设置超链接

（1）文字的超级链接。导航栏文字与二级页面进行链接。选中设置超链接的文字"专业介绍"。在属性面板中，单击链接右侧的"浏览文件"，打开"选择文件"对话框，双击 html，选择 baiji.html，如图 5-50 所示，单击"确定"按钮；或在链接框输入"html/banji.html"。

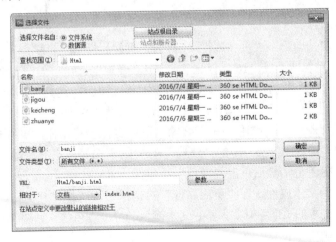

图 5-50　"选择文件"对话框

（2）图像的超级链接。选中文字区域下的图像，在属性面板中，单击"浏览文件"，打开"选择文件"对话框，选择与此图像相链接的网页文件，单击"确定"按钮。

6. 设置页面属性

（1）添加标题。

方法一：在"工具栏"的标题框中输入"1601 风采"，如图 5-51 所示。

方法二：单击"查看"→"文件头的内容"，单击"标题"，在属性面板中，为标题框后输入"1601 风采"，如图 5-51 所示。

方法三：在代码窗口，在<title>和</title>标签之间输入新标题"1601 风采"，如图 5-51 所示。

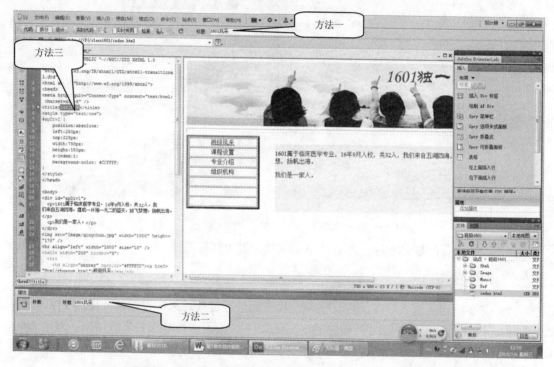

图 5-51　添加网页标题

方法四：单击"修改"→"页面属性"，打开"页面属性"对话框。单击"分类"→"标题/编码"选项卡，输入新标题"1601 风采"，单击"确定"按钮，如图 5-52 所示。

（2）设置网页的背景颜色和图像。在"页面属性"对话框中，选择"分类"→"外观 HTML"选择卡，单击背景图像的"浏览"按钮，打开"选择图像源文件"对话框，选择图像文件，单击"确定"按钮；或在"背景图像"中直接输入图像文件名与路径，如图 5-53 所示。在"页面属性"对话框中，选择"分类"中的"外观（HTML）"选择卡，单击背景的"颜色"按钮，打开颜色面板，选择颜色，然后单击"应用"按钮。

（3）设置页面的文本属性。在"页面属性"对话框中，选择"分类"→"外观（CSS）"选择卡，设置普通文本的页面字体、大小、文本颜色、背景颜色等，如图 5-54 所示。单击"应用"按钮，单击"确定"按钮。

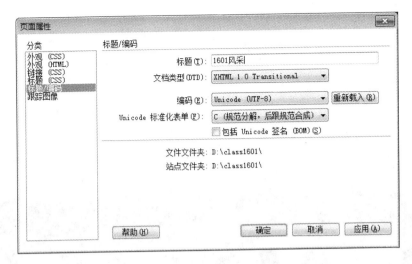

图 5-52 "页面属性"对话框

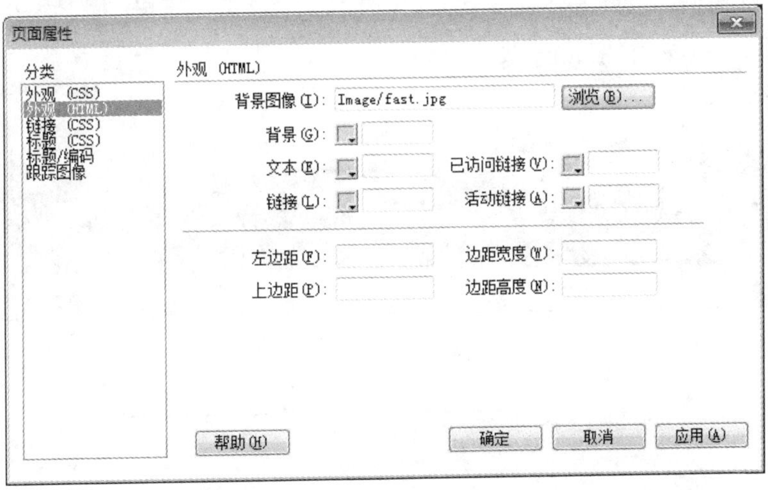

图 5-53 "页面属性"对话框-"外观（HTML）"

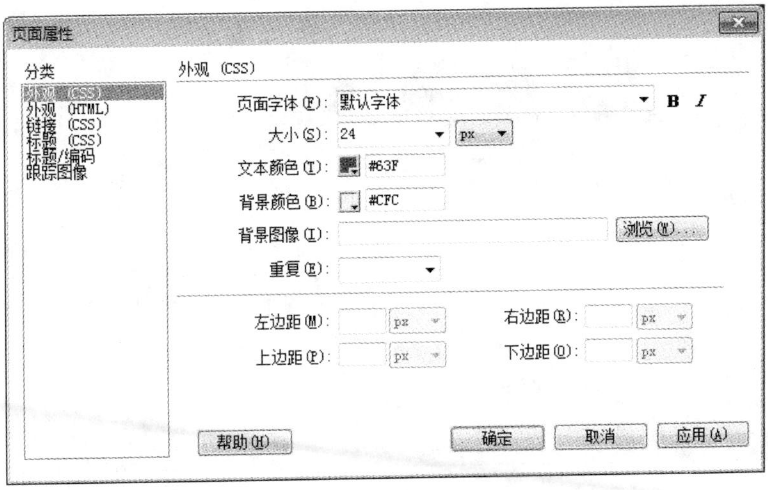

图 5-54 "页面属性"对话框-"外观（CSS）"

7. 保存网页

单击"文件"→"保存",保存设置。

8. 浏览网页

单击"文件"→"在浏览器中预览"→"IExplore",设计好的各网页如图 5-55、图 5-56、图 5-57、图 5-58、图 5-59、图 5-60 所示。

图 5-55　"1601 风采"首页

图 5-56　"专业介绍"网页

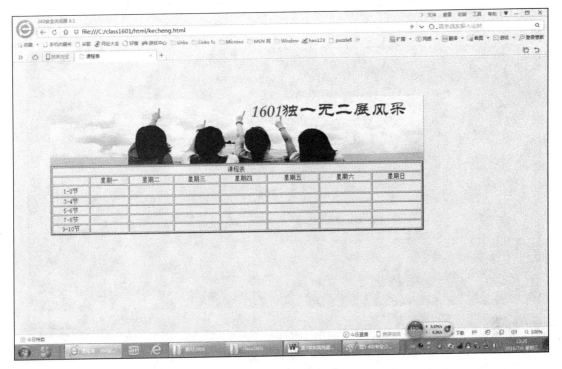

图 5-57 "课程设置"网页

图 5-58 "组织机构"网页

图 5-59　"班级风采"网页

图 5-60　"树"网页

第6章　图像处理软件 Photoshop

6.1　实验一　制作奥运五环标志

实验目的:

(1) 掌握新建和保存图像文件。
(2) 掌握矩形选框工具和椭圆选框工具的使用。
(3) 掌握给选区填充颜色。
(4) 掌握移动工具的使用。
(5) 掌握新建图层、图层改名和建立通过拷贝的图层。
(6) 掌握合并可见图层和给图层做投影。

实验内容:

制作出如图 6-1 所示的奥运五环标志。

图 6-1　奥运五环效果图

实验步骤:

(1) "文件" → "新建",宽度为 660 像素,高度为 400 像素,分辨率为 72 像素/英寸,色彩模式为 RGB 颜色,背景内容为白色,如图 6-2 所示。
(2) 选择 "椭圆选框工具",在选项栏上设置参数,如图 6-3 所示。
(3) 鼠标左击图层面板下面的 "创建新图层" 按钮,创建一个图层 1,然后用鼠标在画面上左击,建成一个直径为 180 像素的正圆选区。

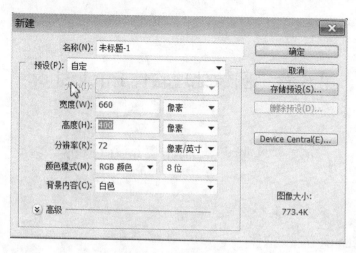

图 6-2 新建文件

图 6-3 椭圆选框工具

（4）用纯蓝色（R:0,G:0,B:255）填充。方法为：选择菜单"编辑"→"填充"命令，参数选择如图 6-4 所示。然后单击"确定"，再单击"确定"，则画出一个直径为 180 像素的蓝色实心圆。然后按 Ctrl+D 组合键取消选择。

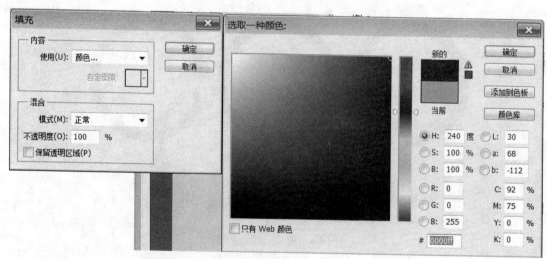

图 6-4 颜色填充

（5）新建图层 2，按照步骤（3）、（4），同样建立一个直径是 150 像素的黑色实心小圆，然后按 Ctrl+D 组合键取消选择。

（6）按 Ctrl 键同时选择图层 1 和图层 2，再按图层面板下面的"链接图层"按钮，链接两个图层，如图 6-5 所示。

（7）选择"移动工具"，在工具栏上单击，将图标水平居中、垂直居中，将两圆排列对齐，如图 6-6 所示。

图 6-5　链接图层

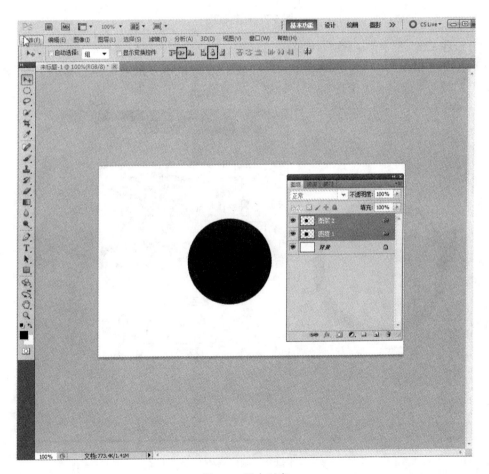

图 6-6　居中对齐

（8）在图层面板上选中图层 1，然后按住 Ctrl 键，单击黑色小圆的图层 2 的图层缩略图，得到小圆选区。按 Delete 键删除选区里面的内容，取消选择，删除图层 2。这时画面上显示出做好的蓝色环。把图层 1 改名为"蓝环"，如图 6-7 所示。

图 6-7　制作蓝环

　　（9）按住 Ctrl 键，单击图层面板上的蓝环图层的缩略图，得到蓝环的选区。新建一个图层，然后执行"编辑"→"填充"命令，在"使用(U)"的下拉框中选择"黑色"，如图 6-8 所示。再把图层 1 改名为"黑环"。

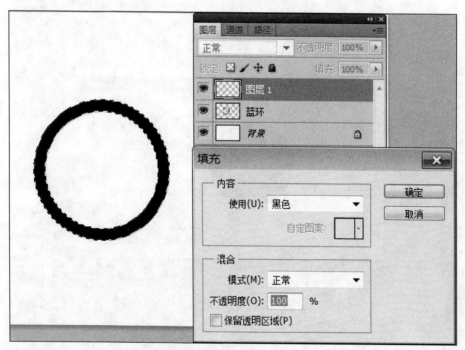

图 6-8　制作黑环

　　（10）再新建图层，然后执行"编辑"→"填充"命令，在"使用(U)"的下拉框中选择"颜色"，如图 6-9 所示。

　　选取红色（R:255,G:0,B:0），单击"确定"→"确定"，这样就得到了"红环"，如图 6-9 所示。再把图层 1 改名为"红环"。

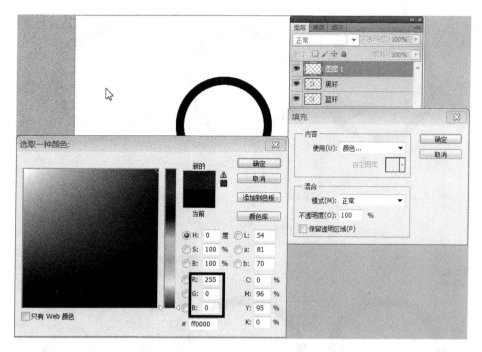

图 6-9　制作红环

（11）按照步骤（10），建立黄环和绿环，然后取消选择，如图 6-10 所示。

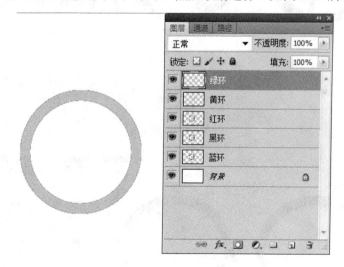

图 6-10　制作黄环和绿环

（12）使用移动工具，分别选择不同颜色的环，按照奥运五环的效果图，排列好五环的位置，如图 6-11 所示。

（13）现在要做的事情是把环套起来：

① 单击蓝环图层使之成为当前层。

② 在蓝环和黄环相交处制作一个小矩形选区，如图 6-12 所示。

③ 再执行"图层"→"新建"→"通过拷贝的图层"命令，生成一个蓝环的碎片层，把碎片层拖到最上面，如图 6-13 所示。

图 6-11　五环排列

图 6-12　矩形选区

图 6-13　移动图层

（14）同理，单击黑环图层，在黄环和黑环重叠处建立选区，按 Ctrl+J 键生成黑色碎片图层 2；单击黑环图层，在绿环和黑环重叠处再建立选区，按 Ctrl+J 键生成黑色碎片图层 3；把两个新图层拖到最上面。

（15）再选择红环图层，在红环和绿环重叠处建立选区，生成红色碎片图层 4，并将其拖至最上面。

（16）关闭背景层眼睛，选择"图层"菜单中的"合并可见图层"命令，将五环和碎片合并为一层，再打开背景层眼睛。

（17）单击图层面板下面的"添加图层样式"按钮，选择菜单中的"投影"命令，使五环有立体感，如图 6-14 所示。

图 6-14　效果图

（18）保存文件名为"奥运五环.psd"。

6.2　实验二　制作会眨巴眼睛的相片

实验目的：

（1）掌握复制图层的方法。
（2）掌握使用缩放工具的方法。
（3）掌握仿制图章工具的使用方法。
（4）学习如何在动画面板上复制帧，如何设置帧的延迟时间，如何播放动画。
（5）掌握把 Photoshop 文件存储成 GIF 动画文件的方法。

实验内容：

制作会眨巴眼睛的相片。

实验步骤：

（1）打开照片"会眨巴眼睛的素材.jpg"。
（2）复制背景图层。按住鼠标左键把"背景"图层拖到图层面板下面的"创建新图层"按钮上，如图 6-15 所示。

图 6-15 创建背景图层

（3）选择工具箱中的"缩放工具"，再在选项栏中选择"放大"按钮，然后按住鼠标左键在相片上拖动，把人物的眼睛适当放大便于操作。

（4）用仿制图章工具把眼睛修改成闭眼的状态。操作方法：先选择仿制图章工具，在画面上右击鼠标可以修改仿制图章的大小，然后按 Alt 键在上眼皮部位取样，再放开 Alt 键，用仿制图章进行涂抹，复制上眼皮的颜色。可以多次取样进行操作，如图 6-16 所示。

图 6-16 仿制图章工具

（5）同理，把另外一只眼睛也修改成闭眼状态。然后双击"缩放工具"，把照片恢复到原图大小，如图 6-17 所示。

图 6-17 修改双眼效果

（6）执行"窗口"菜单中的"动画"命令，如图 6-18 所示。

图 6-18 制作动画

（7）关闭"背景副本"图层前的眼睛，然后在动画面板上选择第一帧，按"复制所选帧"按钮，复制当前帧 2 次，一共 3 帧，如图 6-19 所示。

图 6-19　复制帧

（8）在动画面板上设置如下：第一帧，睁眼睛 0.2 秒；第二帧，闭眼睛 0.1 秒；第三帧，睁眼睛 0.2 秒（其中睁眼睛就是在图层面板上关闭"背景副本"图层的眼睛，闭眼睛就是在图层面板上打开"背景副本"图层的眼睛）。设置好后，单击动画面板下面的"播放动画"按钮，看看效果是否符合要求。

（9）执行"文件"菜单，选择"存储为 Web 和设备所用格式"命令，优化的文件格式选择 GIF，如图 6-20 所示。

图 6-20　效果图

（10）单击"存储"按钮，文件名为"会眨巴眼睛的相片.gif"，再单击"保存"按钮即可。

6.3　实验三　用修补工具修改图像

实验目的：

（1）掌握修补工具的使用。

（2）掌握涂抹工具的使用。

（3）掌握魔棒工具的使用及如何添加选区。

（4）掌握对选区进行羽化。

（5）掌握"图像"→"调整"菜单中曲线和变化命令的使用。

实验内容：

用修补工具修改图像。把人物脸上的头发去掉，再给人物的衣服变色，原图如图 6-21 所示，修改后如图 6-22 所示。

图 6-21　修改图像 素材

图 6-22　修改图像 效果图

实验步骤：

（1）打开"修改图像 素材.tif"文件。

（2）复制"背景"层，以免破坏原始图像。方法为把"背景"层用鼠标左键拖到图层面板下面的"创建新图层"按钮上，生成"背景副本"图层。我们下面的操作就在"背景副本"图层上进行。

（3）选择工具栏上的"修补工具"，确认属性栏中点选了"源"，绘制出脸上头发的选区，然后按住鼠标左键把选区拖到脸部的某个区域，这样就去掉了头发，如图 6-23 所示。

（4）按 Ctrl+D 组合键，取消选择，再用涂抹工具把去掉头发的部位的颜色调整一下，可以从画面中的白色区域按下鼠标向黑色区域拖曳，进行多次涂抹。这样，人物的脸部的头发就去掉了，如图 6-24 所示。

图 6-23　修补工具选区

图 6-24　修补后效果

（5）下面修改人物的衣服颜色。先做出衣服的选区：用魔棒工具，鼠标左键单击衣服区域，然后按住 Shift 键，添加选区，如图 6-25 所示。

图 6-25　魔棒选区

（6）执行"选择"→"修改"→"羽化"命令，羽化半径为 2，然后单击"确定"按钮。

（7）按 Ctrl+H 键组合键，隐藏选区。

（8）执行"图像"→"调整"→"曲线"命令，先按住鼠标左键拖动曲线，然后修改参数值，输入：215，输出：83，单击"确定"按钮即可，如图 6-26 所示。

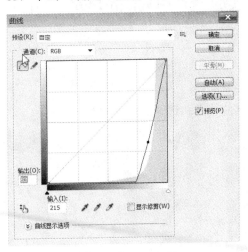

图 6-26　调整曲线

（9）执行"图像"→"调整"→"变化"，连续单击 5 次"加深青色"，单击 2 次"加深红色"，再单击"确定"按钮即可。这样就完成人物衣服的颜色调整，如图 6-27 所示。

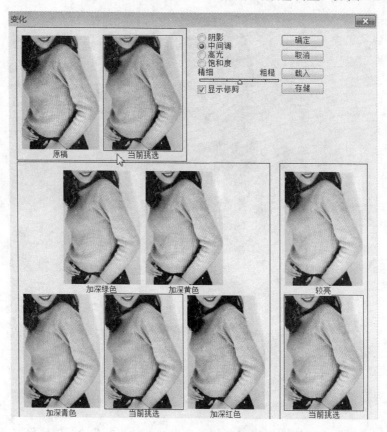

图 6-27　调整颜色

（10）保存文件。执行"文件"→"存储为"命令，文件名为"修改图像.psd"。

6.4　实验四　用 photoshop 进行医疗美容

实验目的：

（1）掌握多边形套索工具的使用。
（2）掌握椭圆选框工具的使用和选区的相加操作。
（3）掌握球面化滤镜的使用。
（4）掌握挤压滤镜的使用。
（5）掌握液化滤镜的使用。

实验内容：

用 Photoshop 进行身材美化。
（1）瞬间丰胸，如图 6-28、图 6-29 所示。

图 6-28　瞬间丰胸 素材　　　　　　　　图 6-29　瞬间丰胸 效果图

（2）减肥瘦身，如图 6-30、图 6-31 所示。

图 6-30　减肥瘦身 素材　　　　　　　　图 6-31　减肥瘦身 效果图

实验步骤：

（1）Photoshop 对人物进行局部丰满功能可以达到以假乱真的修图效果。下面我们就用 Photoshop 对人物进行局部丰胸。操作步骤如下：

① 执行"文件"→"打开"命令，打开照片文件"瞬间丰胸 素材.tif"。

② 复制"背景"层，生成"背景副本"图层，下面就在"背景副本"图层上操作。

③ 选择工具箱中的椭圆选框工具，在画面中将一侧的胸部圈选出来，然后按住 Shift 键，将另一侧的胸部也圈选出来，这时两侧的胸部都被选中了，如图 6-32 所示。

图 6-32　椭圆选区

④ 执行"选择"→"修改"→"羽化"命令，羽化半径为 50 像素，然后"确定"。

⑤ 执行"滤镜"→"扭曲"→"球面化"命令，打开"球面化"设置窗口，单击 ⊟ 按钮，将预览窗口缩小，调整到可以观察胸部变化的程度，数量为 100%，如图 6-33 所示。

⑥ 如果效果不太满意，可以再次打开"球面化"窗口，调整数量为 81%即可。最终效果如图 6-34 所示。

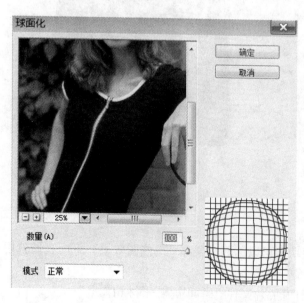

图 6-33　球面化调整

图 6-34　效果图

⑦ 保存文件为"瞬间丰胸.psd"。

（2）在减肥瘦身修图软件中，Photoshop 的效果是最为明显的，立竿见影。下面我们使用挤压滤镜和液化滤镜对人物进行减肥瘦身。操作步骤如下：

① 执行"文件"→"打开"命令，打开照片文件"减肥瘦身 素材.tif"。

② 复制"背景"层，生成"背景副本"图层，下面我们就在"背景副本"图层上操作。

③ 使用多边形套索工具，将人物的腰腹部圈选出来，如图 6-35 所示。

④ 执行"选择"→"修改"→"羽化"命令，羽化半径为 50 像素，然后确定。

⑤ 执行"滤镜"→"扭曲"→"挤压"命令，打开"挤压"对话框，单击 — 按钮，将预览窗口缩小，调整到可以观察腰部变化的程度，数量为 65%。如图 6-36 所示。

图 6-35　套索选区

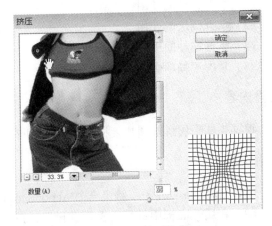

图 6-36　挤压效果

⑥ 单击"确定"按钮后，取消选区。这时人物的腰部瘦了，但是腰部的赘肉形成的纹理仍然存在。下面我们使用液化滤镜来清除赘肉。

⑦ 执行"滤镜"→"液化"命令，在"液化"命令的对话框中选择褶皱工具，在右侧工具选项中设置画笔大小为 19，然后使用褶皱工具在赘肉边缘拖动鼠标消除赘肉，单击"确定"按钮，塑腰完毕。

⑧ 保存文件为"减肥瘦身.psd"。

第 7 章 医学动画处理及应用

Flash 是矢量图形编辑和动画创作软件，使用 Flash 可以轻松地创作出各类二维动画作品。Flash 动画表现力强、存储容量小，是制作医学二维动画的优选软件。

7.1 实验一 逐帧动画

实验目的：

（1）掌握帧与关键帧的使用。

（2）掌握元件的使用。

（3）掌握图层的使用。

（4）掌握属性面板的使用。

（5）掌握逐帧动画的制作。

实验内容：

根据头部断层解剖图片素材，制作头部断层解剖逐帧动画，文件名为：学号姓名动画 1。

实验步骤：

（1）启动 Flash 程序，新建一个 ActionScript3.0 文档。

（2）在属性面板中进行文档属性设置，FPS：1，大小：760×600，舞台颜色：黑色，如图 7-1 所示。

（3）选择"文件"→"导入"→"导入到库"，在弹出对话框中选择名为"人体头部侧面解剖图"的图片，导入到库中，如图 7-2 所示。

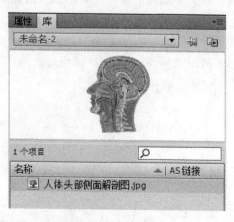

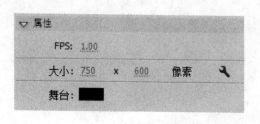

图 7-1 文档属性设置

图 7-2 导入图片

（4）鼠标双击"图层 1"，重命名为"头部侧面层"。

（5）选择库中新生成的"人体头部侧面解剖图"元件，拖拽到舞台的左侧位置。

（6）选择新插入的实例，在"属性"面板中设置图片大小，宽为 250，高为 280，如图 7-3 所示。

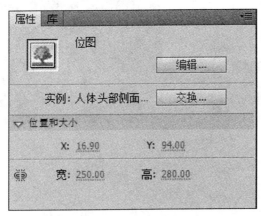

图 7-3　设置图片尺寸

（7）新建图层，命名为"断层图片层"。

（8）导入图片，选择"文件"→"导入"→"导入到库"，在"导入到库"对话框中，使用 Shift 键选择图片"01"至"14"，导入到库中，如图 7-4 所示。

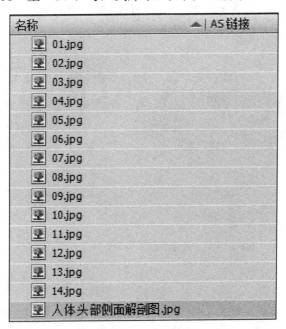

图 7-4　库列表

（9）选择"断层图片层"，分别将库中"01.jpg"和"02.jpg"元件拖拽到舞台右侧，"01.jpg"位于"02.jpg"上方，第 1 帧变为关键帧，位置如图 7-5 所示。

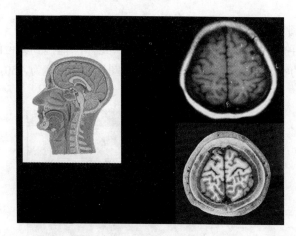

图 7-5 "断层图片"层第一帧

(10)选择"断层图片层"的第 2 帧,"插入"→"时间轴"→"空白关键帧",将库中"03.jpg"和"04.jpg"元件拖拽到舞台右侧,"03.jpg"位于"04.jpg"上方。

(11)重复步骤(10),依次在第 3、4、5、6、7 帧中插入"空白关键帧",并将后续图片元件添加到舞台,调整图片的摆放位置。

(12)选择"头部侧面层"的第 7 帧,"插入"→"时间轴"→"帧",使第 1 帧中的图片延续到第 7 帧,如图 7-6 所示。

(13)新建图层,命名为"标题层",选择该层第 1 帧,使用工具箱中的"文本工具",在舞台左上角添加静态文本,内容为"头部断层解剖动画",选中文本,在"属性"面板"字符"组中设置,大小:50 点,颜色:黄色,如图 7-7 所示。

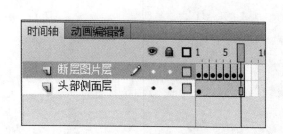

图 7-6 "头部侧面"层第 7 帧插入帧

图 7-7 设置文本属性

(14)创建直线元件,"插入"→"新建元件",在"创建新元件"对话框中输入名称:线,类型:图形,如图 7-8 所示。

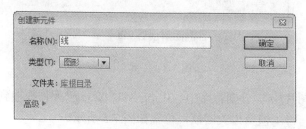

图 7-8 创建元件

（15）在元件编辑窗口，选择工具箱中的"线条工具"，设置属性，笔触颜色：红色，笔触：2.00，按下 Shift 绘制一直线段。使用"选择工具"选中线段，调整线段属性，X: -123.00、Y: 0.00、宽：250.00，如图 7-9 所示。单击场景名称左侧的返回按钮（场景名称左侧的箭头），退出元件编辑状态。

（16）新建图层，命名为"切线层"，在第 1 帧中，将库中的"线"元件拖拽到舞台中，位于"头部侧面解剖图"的偏上位置，如图 7-10 所示。

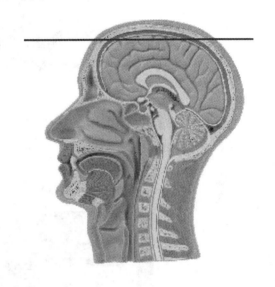

图 7-9　线条属性　　　　　　　　　　　　　图 7-10　线条位置

（17）选中"切线层"的第 2 帧，"插入"→"时间轴"→"关键帧"，第 2 帧图标带有黑色实心圆点，在舞台上向下拖拽移动"线"实例的位置，也可以使用键盘的上、下、左、右 4 个方向键进行移动。

（18）重复步骤（17），对第 3～7 帧做同样操作，完成后，时间轴如图 7-11 所示。

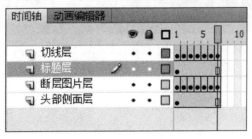

图 7-11　时间轴

（19）新建图层，命名为"说明层"，选择该层第 1 帧，使用工具箱中的"文本工具"，在舞台左下角头部侧面图下方，添加静态文本，内容为"经中央旁小叶 MRI 横断图像"，设置属性，大小：20 点，颜色：白色，设置方法同步骤（13），如图 7-12 所示。

（20）依次在"说明层"的第 2～7 帧插入关键帧，并修改各帧的说明文字内容，说明文字内容依次为：经顶内沟中份层面 、经半卵圆中心 MRI 横断图像、经胼胝体干 MRI 横断图像、经胼胝体压部 MRI 横断图像、经乳头体 MRI 横断图像、经垂体 MRI 横断图像。

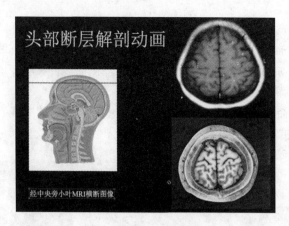

图 7-12　添加文字说明

（21）动画完成后第 1 帧如图 7-13 所示。单击"文件"→"保存"保存动画。按下 Ctrl+Enter 可进行影片测试。如果希望调整动画播放速度，可以更改舞台属性中的 FPS 值，范围为 0.01～120。

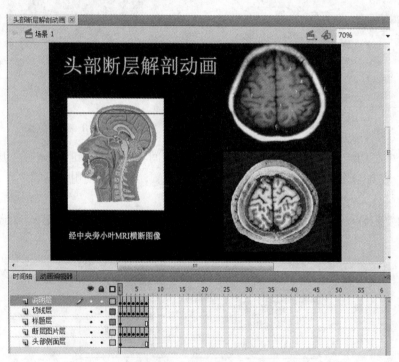

图 7-13　完成动画

7.2　实验二　引导层动画

实验目的：

（1）掌握帧与关键帧的使用。

（2）掌握元件的使用。

（3）掌握图层的使用。

（4）掌握属性面板的使用。

（5）掌握引导层动画的制作。

实验内容：

创建一个简单血液循环系统动画，文件名为：学号姓名动画 2。

实验步骤：

（1）启动 Flash 程序，新建一个 ActionScript3.0 文档。

（2）在"属性"面板中设置，FPS：5，大小：450×760，如图 7-14 所示。

（3）选择"文件"→"导入"→"导入到库"，在弹出对话框中选择名为"血液循环图"的图片，导入到库中，如图 7-15 所示。

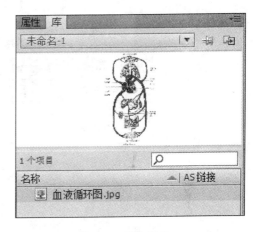

图 7-14　舞台属性设置　　　　　图 7-15　导入图片

（4）鼠标双击图层 1，重命名为"背景层"。

（5）选中库中新生成的"血液循环图"元件，拖拽到舞台并与舞台四周对齐，如图 7-16 所示。

（6）创建"箭头"元件，选择"插入"→"新建元件"，在"创建新元件"对话框中输入名称：箭头，类型：图形。

（7）在元件编辑窗口中，选择工具箱中的"矩形工具"，设置属性，笔触颜色：无 ，填充颜色：黄色，在窗口中按下鼠标拖动，绘制一小长方形，如图 7-17 所示。

（8）选中工具箱"多角星形工具"，在属性面板中设置，笔触颜色：无色，填充颜色：黄色。单击"属性"面板"工具设置"组中的"选项"按钮，打开"工具设置"对话框设置，样式：多边形，边数：3，如图 7-18 所示。

（9）按住 Shift 建，在舞台上按下并拖动鼠标，同时调整三角形方向，绘制如图 7-19 所示小三角形。

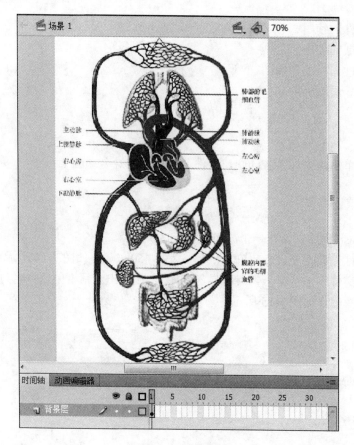

图 7-16　背景层

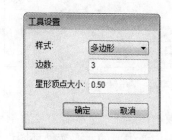

图 7-17　小长方形

图 7-18　多角星形工具设置

（10）使用工具箱的"选择工具"，选择小三角形，拖拽移动，将小三角形与小长方形放置在一起，完成箭头图形，如图 7-20 所示。单击场景名左侧的返回按钮，返回到舞台。

图 7-19　小三角形

图 7-20　箭头

（11）插入新图层，命名为"箭头层"。

（12）右键单击"箭头层"，在弹出菜单中选择"添加传统运动引导层"，添加后时间轴如图 7-21 所示。

（13）选择"引导层"的第 1 帧，使用铅笔工具，设置铅笔模式：平滑（不要选中工具箱中的"对象绘制"功能），绘制血流路径，如图 7-22 所示。

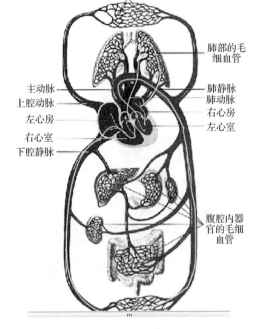

肺部的毛
细血管

主动脉
上腔动脉
左心房

右心室
下腔静脉

肺静脉
肺动脉
右心房
左心室

腹腔内器
官的毛细
血管

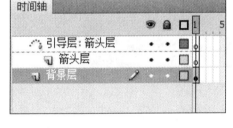

图 7-21　添加传统引导层　　　　　　　　图 7-22　绘制路径

（14）在引导层的第 50 帧处，单击"插入"→"时间轴"→"帧"，插入"帧"。

（15）选择"箭头层"的第 1 帧，将"箭头"元件拖拽到舞台，中心点（空心圆点）与引导层的路径开始处重合，并使用"任意变形"工具调整箭头尺寸。

（16）选择"箭头层"第 50 帧，单击"插入"→"时间轴"→"关键帧"，插入"关键帧"，将"箭头"实例拖拽到路径的终点。

（17）右键单击"箭头层"第 1～50 帧中的任意一帧，在弹出菜单中选择"创建传统补间"。选择第 1～50 帧中间的某一帧，可以看到"箭头"实例在路径上，如图 7-23 所示。Flash 将运动变化内插到这两个关键帧之间的所有帧中，传统补间动画的插补帧显示为浅蓝色，并会在关键帧之间绘制一个箭头。

（18）虽然箭头在路径上运动，但箭头始终朝向单一方向，不能根据路径的变化自行调整。选择箭头层第 1～50 帧中间的任意帧，在"属性"面板中选中"调整到路径"。

（19）使用"任意变形工具"，分别将"箭头层"第 1 帧及第 50 帧中箭头实例的方向调整为朝向运动路径的方向，选择任意帧可以看到箭头始终朝向运动方向。

（20）选择"背景层"的第 50 帧，单击"插入"→"时间轴"→"帧"，插入"帧"，使得背景延续至第 50 帧处。

（21）动画完成后如图 7-24 所示。单击"文件"→"保存"保存动画。按下 Ctrl+Enter 可以进行影片测试。引导层路径在最终生成的动画影片中是不可见的。

（22）以上步骤只完成了部分血流方向，如感兴趣可以继续添加图层及引导层，完成其余部分。

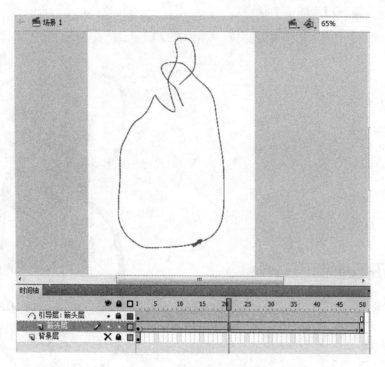

图 7-23　创建引导层动画

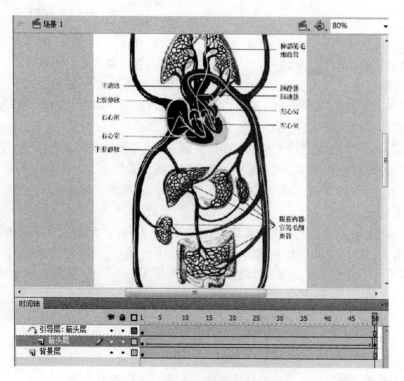

图 7-24　完成动画

7.3 实验三 形状动画及遮罩动画

实验目的:

（1）掌握帧与关键帧的使用。
（2）掌握元件的使用。
（3）掌握图层的使用。
（4）掌握属性面板的使用。
（5）掌握形状补间动画的制作。
（6）掌握遮罩动画的制作。

实验内容:

（1）创建一个文字变形的形状补间动画，文件名为：学号姓名动画3。
（2）创建一个文字遮罩动画，文件名为：学号姓名动画4。

实验步骤:

1. 创建一个文字变形的形状补间动画

（1）启动 Flash 程序，新建一个 ActionScript3.0 文档。
（2）使用工具箱中的"文本工具"，在舞台添加静态文本，内容为"FLASH"。选中文本，在"属性"面板"字符"组中进行设置，大小：80 点，字符间距：50，如图 7-25 所示。

图 7-25 设置文本属性

（3）选择已插入的文本，选择"修改"→"分离"，将文本变为单个独立的文字。再次使用"修改"→"分离"将文字打散为形状，如图 7-26 所示。

FLASH

图 7-26 打散文字

（4）使用"选择工具"，分别选择各个形状，依次在"属性"面板的"填充和笔触"组中为各个形状设置不同颜色，填充颜色可以自己选择，如图 7-27 所示。

图 7-27　修改形状颜色

（5）选择第 10 帧，单击"插入"→"时间轴"→"关键帧"。依次对第 20、30 和 40 帧做同样的插入关键帧操作。

（6）选择第 1 帧，删除除"F"以外的形状。

（7）选择第 10 帧，删除除"L"以外的形状。

（8）选择第 20 帧，删除除"A"以外的形状。

（9）选择第 30 帧，删除除"S"以外的形状。

（10）选择第 40 帧，删除除"H"以外的形状。

（11）各帧上只有一个字母形状，时间轴如图 7-28 所示。

图 7-28　时间轴

（12）右键单击第 1～9 帧中的任意一帧，在弹出菜单中选择"创建补间形状"，在 1～9 帧间出现黑色箭头，背景为浅绿色，Flash 自动生成 1～9 帧中间的形状变化动画。

（13）重复步骤（12）的方法，分别为 10～19 帧、20～29 帧、30～39 帧创建补间形状动画。

（14）动画完成后，选择补间动画的中间帧，可以看到变形动画的中间状态，如图 7-29 所示。单击"文件"→"保存"保存动画。按下 Ctrl+Enter 可以进行影片测试。如想改进变形状态可以在关键帧上使用"添加形状提示"功能，方法为单击"修改"→"形状"→"添加形状提示"。

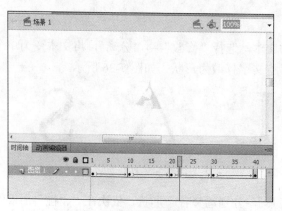

图 7-29　完成动画

2. 创建一个文字遮罩动画

（1）启动 Flash 程序，新建一个 ActionScript3.0 文档。

（2）使用工具箱中的"文本工具"，在舞台中添加静态文本，内容为"FLASH"。选中文本，在"属性"面板"字符"组中进行设置，系列：Arial，样式：Black，大小：100 点，字符间距：20，如图 7-30 所示。

图 7-30　设置文本属性

（3）创建"矩形"元件，单击"插入"→"新建元件"，在"创建新元件"对话框中输入名称：矩形，类型：图形。

（4）在元件编辑窗口，选择工具箱中的"矩形工具"，在"属性"面板"填充和笔触"组中设置填充颜色，在弹出的颜色样本框中，选择最后一行的最后一个线性渐变填充，笔触颜色为无，如图 7-31 所示。在窗口中按下鼠标拖动，绘制一长方形，宽：550，高：160。单击场景名左侧的"返回"按钮，返回到场景。

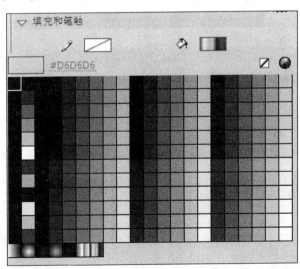

图 7-31　设置填充颜色

（5）创建一个新图层，命名为"背景层"。

（6）拖拽"矩形"元件放入"背景层"的第 1 帧，同样方法再放入一个实例，使两个实例并列放置，如图 7-32 所示。

（7）选中 2 个实例，将左侧实例的左边线与舞台左边对齐。

图 7-32　制作背景效果

（8）选择"背景层"第 50 帧插入关键帧，单击"插入"→"时间轴"→"关键帧"。移动实例，将右侧实例的右边线与舞台右边对齐。

（9）右击"背景层"的第 1～50 帧中的任意一帧，在弹出菜单中选择"创建传统补间"，在 1～50 帧间出现黑色箭头，背景为浅紫色，Flash 自动生成 1～50 帧中间的运动动画。

（10）在"图层 1"的第 50 帧处，单击"插入"→"时间轴"→"帧"，插入帧。

（11）将"图层 1"拖拽到"背景层"上方。

（12）右键单击"图层 1"，在弹出菜单中选择"遮罩层"。"图层 1"和"背景层"的左侧图标变为遮罩与被遮罩样式，如图 7-33 所示。

图 7-33　完成动画

（13）单击"文件"→"保存"保存动画。按下 Ctrl+Enter 进行影片测试，可以看到文字内的光影效果。

7.4 实验四 3ds Max 建模

实验目的：

（1）掌握 3ds Max 2010 的单位设置。

（2）掌握创建图形的方法。

（3）掌握常见修改器的使用。

实验内容：

将普通文本制作成三维立体文字，文件名为：学号姓名动画 5。

实验步骤：

（1）启动 3ds Max 2010。

（2）单击"自定义"→"单位设置"，弹出"单位设置"对话框，在"显示单位比例"组中，选中"公制"，在下拉列表中选择"毫米"，如图 7-34 所示。再单击"系统单位设置"按钮，弹出的"系统单位设置"对话框，在"系统单位比例"的下拉列表中选择"毫米"，如图 7-35 所示。单击"确定"按钮返回"单位设置"对话框，单击"确定"按钮。

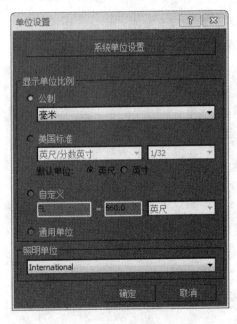

图 7-34 "单位设置"对话框

图 7-35 "系统单位设置"对话框

（3）在"创建"面板中单击"图形"  按钮，在"样条线"分类的"对象类型"卷展栏中单击"文本"按钮，如图 7-36 所示。

（4）在"顶视口"中单击鼠标，出现"MAX 文本"。

（5）使用工具栏的"选择对象"按钮，选中新插入的文本，在"修改器"面板中的"参数"卷展栏中，进行文本属性设置，大小：50，字间距：5，文本：锦州医科大学，如图 7-37 所示。

图 7-36　创建面板

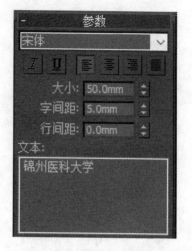

图 7-37　文本的参数卷展栏

（6）使用工具栏的"选择对象"按钮，选中文本，在"修改"面板的"修改器列表"中，选择"挤出"，"参数"卷展栏中的数量设置为 30，在视图控制区单击"缩放"按钮，应用于透视视口，使用鼠标滚轮调整显示比例，如图 7-38 所示。

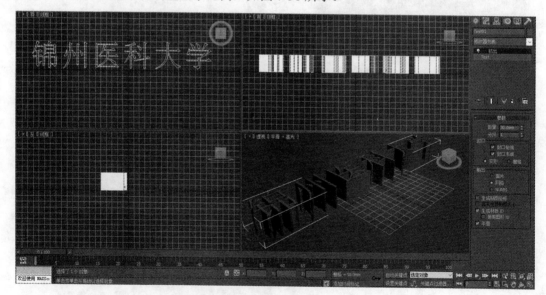

图 7-38　修改器挤出命令

（7）方法同步骤（6），继续添加"锥化"修改器，数量可以自己调整，并注意观察文字的变化效果。将透视视口调整为"上"，数量设为 0.2，并最大化透视视口的效果，如图 7-39 所示。

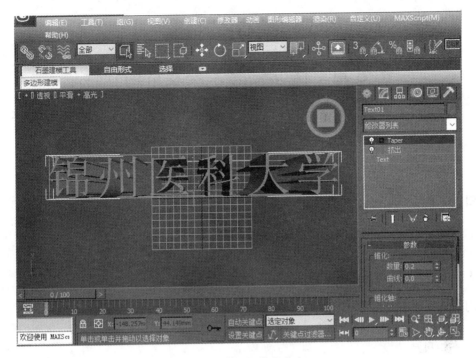

图 7-39　修改器锥化命令

（8）单击"渲染"→"渲染"命令，查看最终效果，如图 7-40 所示。

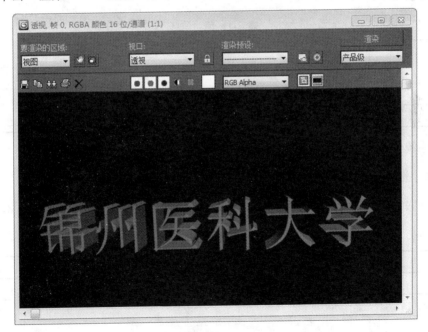

图 7-40　渲染

（9）单击"文件"→"保存"，保存文件。

第8章 医学信息系统及常用软件

8.1 实验一 快易通中西医处方系统

实验目的:

(1) 了解快易通处方系统用户设置功能。
(2) 了解快易通处方系统挂号登记功能。
(3) 了解快易通处方系统开具处方功能。

实验内容:

1. 添加用户

使用默认账户登录"快易通中西医处方系统"并添加用户,信息如表 8-1 所示。表中没有列出部分使用默认值。

表 8-1 用户信息

用户:	学生姓名	密码:	123
医疗单位:	锦州医科大学附属一院	地址:	辽宁省锦州市
电话:	学生电话	职责:	医师
后台密码:	123	科室:	全科

退出系统使用新账户重新登录。

2. 挂号登记

使用新账户新加挂号,信息如表 8-2 所示。没有列出部分使用默认值。

表 8-2 新加挂号信息

门诊号:	系统生成	姓名:	张子明
年龄:	18	性别:	男
接诊方式:	初诊	挂号医师:	学生姓名
挂号费:	5 元	科别:	西医内科
住址:	辽宁省沈阳市	单位:	锦州医科大学

3. 开具处方

现有患者就诊,根据表 8-3 给出信息,使用"快易通中西医处方系统"开具医疗处方。

表 8-3 患者病症和医疗处方信息

姓名:	张子明	费别:	医保
性别:	男	诊疗费:	5
年龄:	18	症状:	头疼、扁桃体充血肥大、畏寒怕冷、喷嚏、鼻涕
住址:	辽宁省沈阳市	诊断:	上呼吸道感染
电话:	138XXXXXXXX	过敏史:	无
科别:	西医内科	处方:	复方氨酚烷胺片 12#×2 盒 阿莫西林胶囊 0.25*20×4 盒

实验步骤:

1. 添加用户

单击"开始"→"所有程序"→"快易通中西医处方系统"→"快易通中西医处方系统",启动软件。单击菜单"+各项设置+"→"单位用户设置"→"添加用户",按照表 8-1 输入数据,如图 8-1 所示。

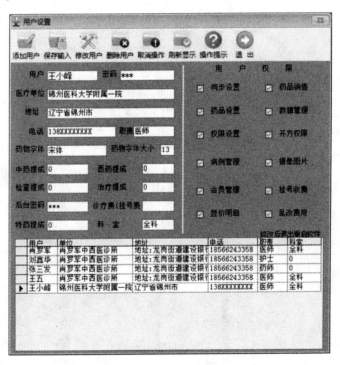

图 8-1 添加用户

单击"保存输入"→"退出"→"退出"关闭系统,然后重新打开软件,在登录界面选择使用新账户登录。

2. 挂号登记

单击"挂号登记"→"新加挂号"打开"门诊挂号"窗口,按照表 8-2 输入数据,如图 8-2 所示。

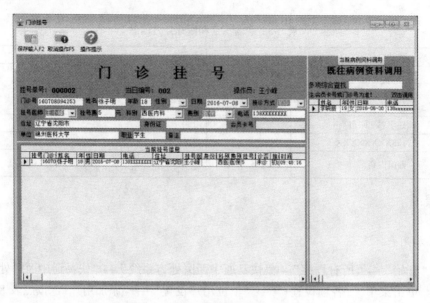

图 8-2 挂号登记

单击"保存输入"→"退出"完成挂号登记。

3. 开具处方

单击"电子处方"→"西医处方",输入患者信息,如图 8-3 所示。

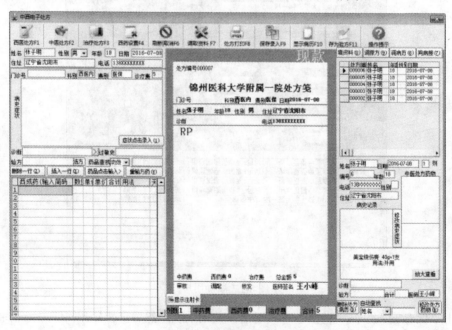

图 8-3 输入患者信息

按照给出信息,单击"症状点击录入",在"感冒症状"单击选择"头疼","颈部症状"单击选择"扁桃体充血肥大","全身症状"单击选择"畏寒怕冷","头部症状"单击选择"喷嚏"、"鼻涕",如图 8-4 所示。输入完毕后单击"隐藏症状录入"。

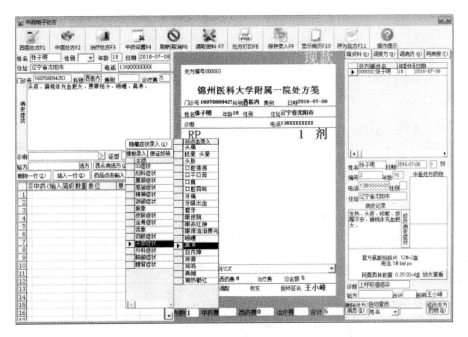

图 8-4　输入病史症状

单击"诊断"文本框，输入"shx"，双击选中"上呼吸道感染"，"过敏史"输入"无"，单击"西成药"列表第一行输入简码"ffa"，双击选中"复方氨酚烷胺片，12#，哈药"，数量输入"2"，按 Enter 键确认；单击"西成药"列表第二行输入简码"amxl"，双击选中"阿莫西林胶囊，0.25，北京悦康"，数量输入"4"，按 Enter 键确认，如图 8-5 所示。

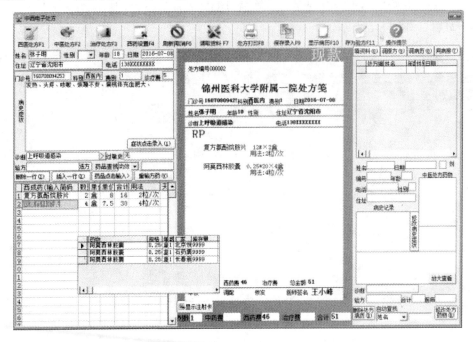

图 8-5　开具处方

单击"保存录入"保存处方和病历完成操作。

8.2 实验二 饲料配方大师软件

实验目的:

通过学习软件"饲料配方大师",了解畜牧兽医领域计算机软件的应用。

实验内容:

使用软件制作饲料配方。

饲养场现有生长猪（80-120kg），每天需要1000kg，已有饲料原料如表8-4所示，使用软件配置营养最优饲料配方，查看报告，并在桌面生成Excel文件。

表8-4 原料表

库存原料	库存原料
玉米（2级）	小麦
小麦麸（2级）	大豆粕（2级）
鱼粉（CP60.2%）	大豆油
碳酸氢钙	盐

实验步骤:

（1）单击"开始"→"所有程序"→"饲料配方大师"→"饲料配方大师"→"配方制作"打开软件，如图8-6所示。

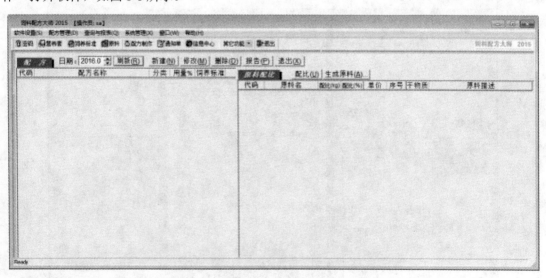

图8-6 开始制作配方

（2）单击"新建"按钮，在"饲养标准"下拉列表中选中"（NRC206）NRC生长猪（80-120kg）"，如图8-7所示。

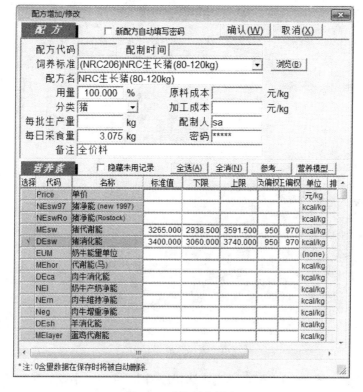

图 8-7 选择饲养标准

（3）单击"确认"按钮，打开原料选择窗口，根据表 8-4 选择原料，如图 8-8 所示。

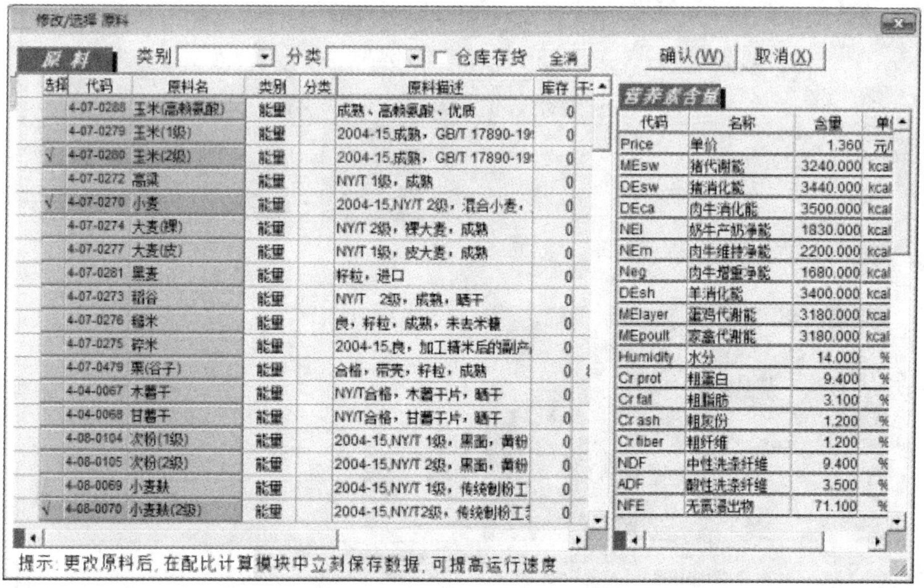

图 8-8 选择原料

（4）单击"确定"按钮，软件开始计算配方并生成结果，选中"选用营养最优方案"，如图 8-9 所示。

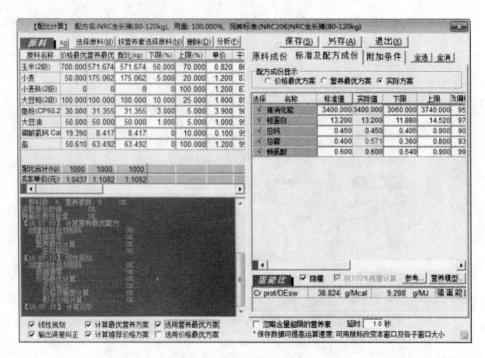

图 8-9　选择营养最优方案

（5）单击"kg"，输入"1000"，单击"选择原料"，去掉"小麦麸（2 级）"，软件将重新开始计算，并生成计算结果，如图 8-10 所示。

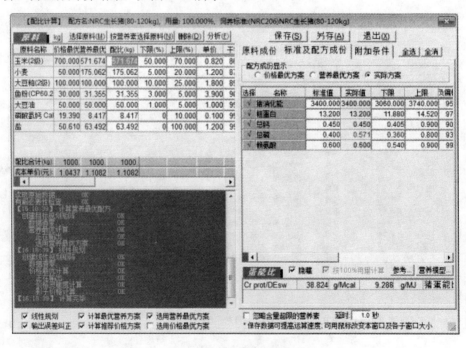

图 8-10　重选原料

（6）单击"保存"→"退出"→"报告"，查看饲料配方报告单，如图 8-11 所示。单击"关闭"返回配方制作窗口。

4345646

配方结果报告单

配方名称：NRC生长猪(80-120kg)　　　　配制时间：2016.7.8　　配制人：sa
加工成本：　元　　　　　　　　　　　原料成本：1.1082 元　成本合计：　元
执行标准：(NRC206) NRC生长猪(80-120kg)　　　　　　　　　用量%：100.000

=== 原料配比 ===

代码	名称	单价(元/kg)	金额(元)	原料配比(kg)	原料配比(%)	干物质含量(%)	干物质比例(%)	每批生产量(kg)
4-07-0280	玉米(2级)	0.820	468.773	571.674	57.167	86.000	55.730	571.670
4-07-0270	小麦	1.200	210.074	175.062	17.506	87.000	17.264	175.060
5-10-0102	大豆粕(2级)	1.800	180.000	100.000	10.000	89.000	10.089	100.000
5-13-0046	鱼粉(CP60.2%)	3.900	122.285	31.355	3.136	90.000	3.199	31.360
4-17-0012	大豆油	1.000	50.000	50.000	5.000	99.000	5.611	50.000
6-14-0002	磷酸氢钙 CaHPO4	0.100	0.842	8.417	0.842	99.000	0.945	8.420
us500	盐	1.200	76.190	63.492	6.349	99.500	7.161	63.490
	合计特配比合计	1.108	1,108.164	1,000.000	100.000	88.217	100.000	1,000.000

=== 营养成份 ===　　　　　　　　　　　　　每日采食总量：3.075kg

营养素名	标准含量	实际含量	下限	上限	单位	标准采食量	实际采食量	采食下限	采食上限	单位	偏移%
猪消化能	3,400.000	3,400.000	3,060.000	3,740.000	kcal/kg	10,455.000	10,455.000	9,409.500	11,500.500	kcal/d	0.0
粗蛋白	13.200	13.200	11.880	14.520	%	405.900	405.900	365.310	446.490	g/d	0.0
总钙	0.450	0.450	0.405	0.900	%	13.838	13.838	12.454	27.675	g/d	0.0
总磷	0.400	0.571	0.360	0.800	%	12.300	17.558	11.070	24.600	g/d	42.8
赖氨酸	0.600	0.600	0.540	0.900	%	18.450	18.450	16.605	27.675	g/d	0.0

蛋能比：【Cr prot/DEsw】38.824 g/Mcal, 9.288 g/MJ

制表时间：2016年07月08日　　制表人：　　　审核：　　　备注：

* 显示标尺并拖动标志线可以改变各边距值

图 8-11　配方报告单

（7）在配方制作窗口选中"NRC 生长猪（80-120kg）"，然后单击"将配方导出到 Excel
文件"，在"配方导出"窗口选中"按100%用量处理报表"复选框，如图 8-12 所示。然后单
击"开始"按钮，将导出的文件以默认文件名保存在桌面上。

图 8-12　导出 Excel 文件

8.3 实验三 视频处理软件 Premiere

实验目的：

（1）掌握 Premiere 分割截取视频。

（2）掌握 Premiere 进行多视频混剪。

（3）掌握 Premiere 添加视频特效。

实验内容：

1. 分割截取视频

使用 Premiere 建立项目文件"P1.prproj"，分割截取"D:\Project\Lamborghini.mp4"视频文件，从中截取视频中 37 秒～1 分 21 秒"的视频片段，如图 8-13 所示。导出视频文件"P1.avi"。

图 8-13 截取视频片段

2. 多视频混剪

使用 Premiere 建立项目文件"P2.prproj"，以 30 秒为单位混剪"D:\Project\Lamborghini.mp4"和"D:\Project\Paparazzi.mp4"视频文件，音频使用"Paparazzi"，并导出"P2.avi"视频文件。

3. 视频特效

打开"P2.prproj"项目文件，随机添加视频切换特效，将项目另存为"P3.prproj"，并导出视频文件"P3.avi"。

实验步骤:

1. 分割截取视频

（1）打开 Premiere 软件并单击"新建项目"，在弹出窗口中设置保存位置"D:\Project"，文件名称"P1.prproj"。单击"确定"按钮，如图 8-14 所示。

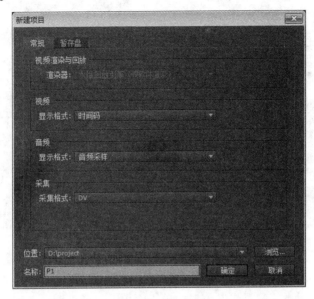

图 8-14　新建项目

（2）"新建序列"使用默认值，单击"确定"按钮，如图 8-15 所示。

图 8-15　新建序列

（3）单击"文件"→"导入"，选取"D:\Project\Lamborghini.mp4"导入视频文件素材，如图 8-16 所示。

图 8-16　导入视频文件

（4）使用鼠标左键将左侧项目区的"Lamborghini.mp4"拖动到右下的序列区，如图 8-17 所示。在弹出的"素材不匹配警告"窗口中单击"更改序列设置"选项。

图 8-17　拖动添加素材

（5）选取"剃刀工具" ![] ，在素材时间轴"37 秒"和"1 分 21 秒"处单击以分割素材，将视频分割为 3 部分，如图 8-18 所示。

图 8-18 分割视频

（6）使用"选择工具" 分别选中第 1 段和第 3 段视频，按键盘上 Delete 键删除它们，选中第 2 段视频拖动到时间轴最前端，如图 8-19 所示。

图 8-19 移动保留视频

（7）单击"文件"→"导出"→"媒体"→"序列 01_1"，输入文件名称"P1"，其他使用默认值并单击"保存"按钮，如图 8-20 所示。

（8）单击"导出"，Premiere 开始导出视频文件"d:\Project\P1.avi"，导出完毕后打开该文件查看截取效果。

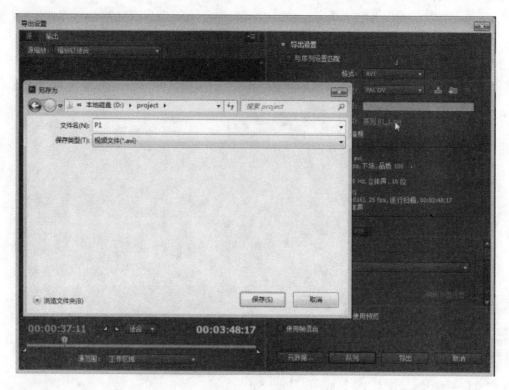

图 8-20 导出设置

2. 多视频混剪

（1）单击"文件"→"新建"→"项目"，建立一个新项目"P2.prproj"。在 Premiere 中分别导入两个视频素材"Lamborghini.mp4"和"Paparazzi.mp4"，如图 8-21 所示。

图 8-21 导入素材

（2）在"音频3"的"Lamborghini.mp4[音]"上单击鼠标右键，选择"解除音频链接"，如图8-22所示。按照同样的方式解除"音频2"的"Paparazzi.mp4[音]"音频链接。

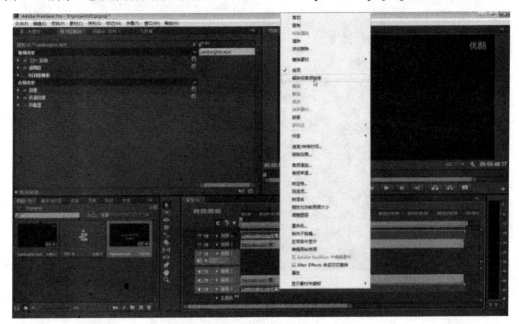

图8-22　解除音频链接

（3）使用"剃刀工具"以"30秒"为单位分割两个视频素材，如图8-23所示。

图8-23　分割素材

（4）使用"选择工具"间隔拖动下方的"Paparazzi.mp4"素材覆盖对应上方的"Lamborghini.mp4"素材，如图8-24所示。

图 8-24　覆盖上方素材

（5）分别选中"视频 2"残留"Paparazzi.mp4"视频素材，按下 Delete 键删除掉，按照同样的方法删除"音频 3"中"Lamborghini.mp4[音]"素材，如图 8-25 所示。

图 8-25　删除多余素材

（6）单击"播放" ▶ 预览混剪效果，并在"D:\Project"文件夹中存储项目文件"P2.prproj"，导出视频文件"P2.avi"，打开"P2.avi"查看导出视频。

3. 视频特效

（1）单击"文件"→"存储为"，输入文件名称"P3.prproj"，如图 8-26 所示。

图 8-26　存储项目文件

（2）单击左下的"效果"→"视频切换"，选取视频切换效果，如图 8-27 所示。

图 8-27　选取切换效果

（3）拖动选中的效果至两段视频"接缝处"，添加切换效果，如图 8-28 所示。

图 8-28　添加切换效果

（4）保存项目文件"P3.prproj"，并导出视频文件"P3.avi"，查看导出视频文件。

8.4　实验四　截图软件 HyperSnap

实验目的：

（1）学习 HyperSnap 的基本截图方法。
（2）了解 HyperSnap 的长页截图方法。
（3）学习 HyperSnap 的图片编辑方法。

实验内容：

1．常用截图

1）窗口截图

打开"D:\Test\Medical"文件夹，分别截取工作区、地址栏和搜索框、左侧任务栏和整个窗口的图像，如图 8-29 所示。将截取的图片存储到"D:\Test\Student\"文件夹中，文件名称为"S1.jpg"、"S2.jpg"、"S3.jpg"、"S4.jpg"。

2）区域截图

打开图片文件"D:\Test\Medical\medical2.jpg"，抓取中央的"天使翅膀"区域，如图 8-30 所示。将截取的图片命名为"S5.jpg"，保存到"D:\Test\Student\"文件夹中。

图 8-29 抓图区域

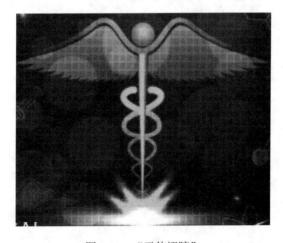

图 8-30 "天使翅膀"

2. 长页截图

使用 HyperSnap 截取完整的锦州医科大学网站首页图片，如图 8-31 所示。将截取的图片命名为"S6.jpg"，保存到"D:\Test\Student\"文件夹中。

3. 图片编辑

1）旋转图片

使用 HyperSnap 编辑图片文件"D:\Test\Student\S5.jpg"，将图片顺时针旋转 45°，如图 8-32 所示。将图片另存为"S7.jpg"。

图 8-31　锦州医科大学网站首页图

图 8-32　旋转图片

2）合并图片

使用 HyperSnap 合并"D:\Test\Medical"文件夹中的图片文件"medical2.jpg"和"medical3.jpg",如图 8-33 所示。将合并的图片命名为"S8.jpg",保存在"D:\Test\Student"文件夹中。

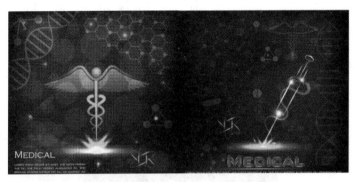

图 8-33 合并图片

实验步骤:

1. 常用截图

1）窗口截图

打开 HyperSnap 软件和文件夹"D:\Test\Medical",单击"捕捉"→"窗口和控件",或者按下 Ctrl+Shift+W 组合键,将鼠标移动到不同位置,当出现正确截图区域时单击左键截取图片,如图 8-34 所示为抓取工作区图片。

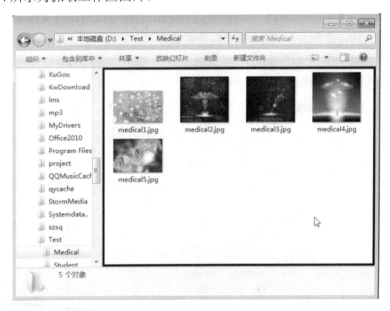

图 8-34 抓取工作区图

在弹出的软件窗口单击"另存为"🖫,设置保存位置"D:\Test\Student",保存类型

"JPEG(*.jpg,*.jpeg)"格式，文件名"S1.jpg"，然后单击"保存"按钮。按照同样的方式抓取"S2.jpg"、"S3.jpg"、"S4.jpg"。

2）区域截图

打开图片文件"D:\Test\Medical\medical2.jpg"，在 HyperSnap 窗口单击"捕捉"→"区域"，或者按下 Ctrl+Shift+R 组合键，在图片中单击选定适当位置，如图 8-35 所示。拖动鼠标选择截取区域，保存图片"S5.jpg"。

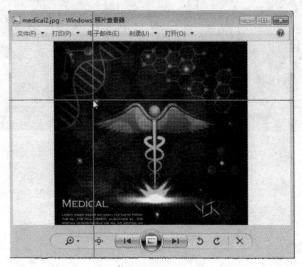

图 8-35　区域截取

2. 长页截图

（1）打开 IE 浏览器，输入网址"www.lnmu.edu.cn"，打开锦州医科大学网站首页。注意：因某些浏览器不支持，建议使用 Windows 自带浏览器。

（2）打开 HyperSnap，单击"捕捉"→"捕捉设置"，将"自动滚动刷新时间"设置为"500"毫秒，然后单击"确定"按钮，如图 8-36 所示。

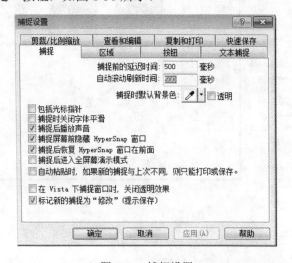

图 8-36　捕捉设置

（3）单击"捕捉"→"整页滚动"，或者按下 Ctrl+Shift+S 组合键，在网页上单击鼠标，HyperSnap 开始自动滚屏抓图，完成后会显示在软件预览窗口，如图 8-37 所示。

图 8-37　预览长图

（4）单击"另存为" 🖫，保存图片"S6.jpg"。

3. 图片编辑

1）旋转图片

（1）单击"文件"→"打开"，在浏览窗口中选取"D:\Test\Student\S5.jpg"，单击"图像"→"旋转"→"任意角度"，在"顺时针角度"的文本框中输入"45"，如图 8-38 所示。

（2）单击"确定"→"文件"→"另存为"，保存文件"S7.jpg"。

2）合并图片

（1）打开 HyperSnap 软件，单击"文件"→"打开"，依次打开"D:\Test\Medical\medical2"和"D:\Test\Medical\medical3"，并调整"缩放"比例为"50%"，如图 8-39 所示。

图 8-38　设置旋转角度

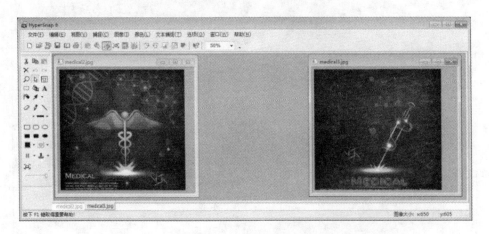

图 8-39　打开合成原图

（2）选中"medical2.jpg"，单击工具区"调整大小" ，在"输入位图尺寸"窗口设置宽度为"1300"，单击"确定"按钮应用修改，如图 8-40 所示。

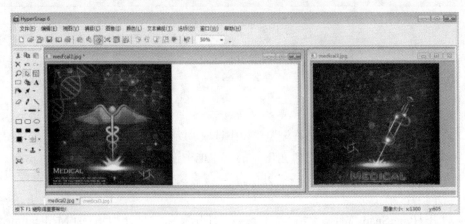

图 8-40　调整图片宽度

（3）选中"medical3.jpg"，单击工具区"复制" ，然后单击选中"medical2.jpg"，单击工具区"粘贴" ，如图8-41所示。

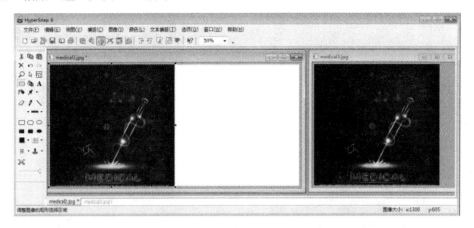

图8-41　粘贴合并图

（4）左键拖动粘贴的"medical3.jpg"图片，使两幅图片位置适合，如图8-42所示。

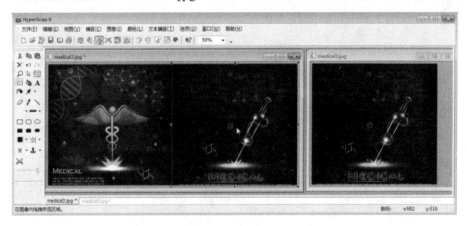

图8-42　调整合并图位置

（5）单击"文件"→"另存为"，将合成的图片保存为"D:\Test\Student\S8.jpg"。